吃對酵素

Enzyme smart eating

酵果驚人！打造百病不侵好體質

〔生化博士〕江晃榮——著

方舟文化

到底有多神奇？發現酵素的祕密搶先問

PART 3

人類由於飲食文化的關係，食物大多經過蒸煮，存在於天然植物、動物中的酵素由於加熱受破壞，所以現代人攝取來自大自然的酵素機會就不大。

酵素養生食譜——141

1. 木瓜葉湯　2. 木瓜汁　3. 水果綠茶　4. 涼拌海帶　5. 咖哩豆腐湯　6. 紫菜芝麻飯
7. 醬油鹽海帶豆　8. 菠菜豬血湯　9. 小白菜　10. 青木瓜　11. 苦瓜粥　12. 鳳梨苦瓜雞
13. 苦瓜炒鹹蛋　14. 黃豆小排湯　15. 黃豆紅棗湯　16. 黃豆豬腳湯　17. 黃豆雞
18. 芝麻黑豆漿＋蔬菜全麥三明治　19. 綠豆茶葉冰糖湯：腎臟病用　20. 絲瓜綠茶湯：痛風用
21. 核果飲——心血管疾病、美容、抗老化食譜　22. 滷牛蒡　23. 蘿蔔絲泡菜　24. 海帶芽冷湯
25. 拌冬粉　26. 韓式炒年糕　27. 香菇芹菜素魷魚　28. 三色蒟蒻絲　29. 蒟蒻拌泡菜　30. 味噌西洋芹
31. 甜菜薏仁　32. 首烏芝麻糊：抗癌　33. 綜合沙拉：抗癌　34. 干貝烏骨雞湯：抗癌

PART 5

從吃開始，不吃藥、不打針，自然提升免疫力——159

很多人常覺得日常生活飲食營養均衡，睡眠充足、也常運動，但為何仍經常有疲勞感，精神不振，似乎已脫離健康，呈現出亞健康狀態，西醫的診斷檢查也找不到原因，此時不妨改變飲食內容改吃一些生食或加工程度較低產品，因為所吃食物中酵素都已破壞，無法吃出健康與美麗。

小心！皮膚年齡透漏健康指數——160

- 老化皮膚有警訊，不可不防——160
- 活化皮膚細胞，酵素修復功效強——162

減肥又養生！巧用酵素一次OK——163

酵素可有效減肥，這是理所當然的，食用綜合酵素的同時也一併施行運動飲食控制，並持之以恆，效果更明顯。

天然酵素，各具妙用——170

在我們日常生活常接觸到天然酵素產品，只是不自知而已，這些天然酵素其實都有其各自特點也具有特殊用途。

近年來，木瓜在醫學及美容方面，用途越來越廣，其中包括有：近年來，木瓜在醫學及美容方面，用途越來越廣，其中包括有……

PART 7

酵素簡單做，擊退罹癌與疲勞

目前在市面上有許多液態的綜合植物、蔬果酵素產品，不僅使用方便，也十分符合食補、食療的精神，相當受歡迎。另外，酵素也可自製，本章將公開天然酵素自製的祕方。

到底有多神奇？發現酵素的祕密搶先問

Q1 聽說老人家消化不良要多補充酵素，是真的嗎？

A 是的。由於天然食物是由許多的營養成分集合而成，為了使食物中的營養素能釋放出，以供給人體吸收利用，食物要先經過咀嚼食物的程序，使食物變成碎塊以方便消化酵素作用。酵素都是由蛋白質所組成，高溫烹調會破壞酵素的活性，使酵素失去作用。由於熟食的習慣，人體無法利用食物中原有的酵素，因此必須由人體自行分泌消化酵素。但隨著年齡的增長，分泌酵素的能力會逐漸下降，因此造成許多老人家的消化問題。多吃生的蔬菜水果，除了補充醣類、維生素、礦物質之外，亦可補充酵素來降低身體的負擔。

Q2 蛋白質酵素是什麼？「木瓜酵素」與「鳳梨酵素」都算是蛋白質酵素嗎？

A 在分解三大類營養素酵素中，「蛋白質酵素」是最受人們重視的。人體的肌肉，不是直接由我們所吃的那塊雞胸肉、蛋來組成，而是將蛋白質經過消化分解成胺基酸，在人體內重組而來。蛋白質酵素像是一把切割蛋白質的刀子，將蛋白質分解成我們可吸收的小分子，就好像我們吃牛排需要牛排刀一樣。

常見的木瓜與鳳梨中，含有豐富的蛋白質酵素，可是我們無法每餐都吃木瓜和鳳梨，此時一些替代性商業產品就因應而出，「木瓜酵素」、「鳳梨酵素」就是最好的代表。

Q3 如果要補充全方位酵素的話，應該如何選擇？

全方位的酵素產品，應包括可分解蛋白質、醣類、脂肪三大營養素的酵素，最好還含有其他酵素（例如抗氧化酵素），對於一般人保健而言才是最佳的選擇。在發酵工業發達的日本與台灣，都有液態的綜合酵素產品上市，不僅使用方便，也十分符合食補、食療的精神，若僅食用單一酵素並無法提供分解各類食物所需酵素。

所以若想要得到綜合酵素產品，生產原料應是多元性才能涵括各類酵素，以下是市售產品所用原料一例：

蔬果為主、漢方草本為輔：

漢方草本：山藥、蘆薈、蓮子、當歸、何首烏、土人蔘、落葵、甘草、枸杞、艾草、蒲公英、咸豐草、六神草、五行草、明日葉、薑、小麥草、虎杖草、百合、七葉擔、藤三七、魚腥草、過手香、刺五加、西洋蔘、白刺莧、角菜、甜珠草、醡醬草、白木耳、葛根、金線蓮、白鶴靈芝草、桂枝、牧草、黃耆、下田菊、龍葵、曼寧麻、蒼耳、五葉松等

水果類：蘋果、梨子、荔枝、柳橙、香蕉、鳳梨、木瓜、芭樂、檸檬、梅子、李子、葡萄柚、水蜜桃、龍眼、芒果、枇杷、葡萄、百香果、柚子、甜柿、桃子、酪梨、火龍果、奇異果等

葉菜類：菠菜、甘籃菜、芥菜、芥籃菜、小白菜、包心菜、油菜、紅鳳葉、甘署葉、劍葉萵苣、莧菜

根菜類：胡羅蔔、白羅蔔、牛蒡、甘薯、馬鈴薯、豆薯

莖菜類：綠蘆筍、白蘆筍、筊白筍、芹菜、空心菜、西洋芹

花菜類：花椰菜、青花菜

果菜類：甜椒、青椒

芽菜類：豌豆芽、綠豆芽、黃豆芽、甘藍芽、蘿蔔芽

瓜　類：絲瓜、冬瓜、胡瓜、南瓜、苦瓜、西瓜、香瓜、哈密瓜

豆　類：黃帝豆、四季豆

菇　類：香菇、草菇、洋菇、金針菇、木耳、銀耳

藻　類：海苔、海帶、紫菜

Q4 生機飲食是獲取酵素最好的方法嗎？

A 生機飲食是指不吃經農藥、化學肥料、化學添加物和防腐處理或污染的天然食物，也就是多吃未經烹煮的食物及新鮮動、植物。依進食方式可分爲完全生機飲食、部分生機飲食及中庸式生機飲食三種。

「完全生機飲食」強調：至少50％的飲食採用生食，而且是完全素食，也就是說日常飲食排除禽、畜、魚等肉類，亦不含蛋類、乳類及其製品。「完全生

機飲食」的主要目的，在增加包括酵素在內營養素的吸收，清除體內毒素進而達到治病的效果，甚至斷食療法亦爲療程的一部分，以加強排毒的效應。

「部分生機飲食」也有著完全生機飲食的精神，仍然採用完全素食，但是不刻意強調生食。

「中庸式生機飲」則在於選用無污染的動植物性食物，不強調素食，飲食中可併用深海魚及少量有機白肉、有機蛋或乳製品，減少烹調用油量，避免油炸、油煎或油酥的高油烹調方式，改用清蒸、水煮或涼拌的方式。

生機飲食的是否可治療疾病，尚未有臨床上的科學證據。科學證據指的是至少有二組同期癌症或其他相同病症的受試者，一組給予生機飲食，一組則食用一般飲食，觀察一段時間後比較其腫瘤大小、血液生化值或免疫功能等的差異。

此類人體試驗事實上不易進行，因爲試驗期間也許需要中止其他的醫療行爲，才能證明生機飲食是否眞正有效，更何況人只有自己是條件完全相同，並沒另一複製人可供對照試驗。

生機飲食者強調生食的論點，是基於食物中含有多量酵素及胺基酸，酵素爲人體新陳代謝所需，胺基酸是構成人體細胞的主要成分之一。生食可以百分之百吸收酵素及胺基酸，熟食則破壞了食物中的營養素。

Q5 吃蛋白質類的食物時，生食更好嗎？

A 蛋白質經適當加熱後雖然可以加速消化，但過度加熱則反而使其消化困難，因此食物經過適當的加熱反而有利於蛋白質的消化吸收。再者，酵素的本質爲蛋白質，食物中的酵素如同蛋白質必須經過水解爲胜肽及胺基酸，腸道才得以吸收，人體再利用吸收的胺基酸合成身體所需的酵素及蛋白質；如果人體直接吸收未經消化水解的蛋白質，便會發生過敏反應。

Q6 生機飲食有沒有缺點？需要注意什麼？

A 豆類食物中含有抑制胰蛋白酶的成分及血球凝集素，如果生食豆類將使小腸中胰蛋白酶的作用受阻，蛋白質的消化受干擾，血球凝集素則會破壞紅血球使得血球攜氧量降低，加熱的過程可以破壞這兩種成分，提高豆類蛋白質的利用率。所以生食並不一定可以獲得較高量的營養素。

生食另一個潛在性的問題是：由於植物栽種時未施用農藥，常有寄生蟲或其蟲卵藏於植株，若未清洗乾淨即予生食，輕則發燒、噁心、嘔吐，重則影響神經系統，甚至引致腸胃穿孔，有時還會有蛔蟲寄生在腸內。

蔬果中含有多量的天然抗氧化劑，如：維生素E、β—胡蘿蔔素及茄紅素等。這一類抗氧化劑屬於脂溶性，亦即在少量油的存在下可以使其吸收率提高數倍；如果只是生食，在沒有烹調油的情況下，其吸收率是相當有限的。

不吃任何動物性食物的完全素食者，如果只攝取蔬菜、水果及穀類，則易造成蛋白質缺乏，或是攝取的蛋白質所含的胺基酸比例不均，造成蛋白質利用率差。臨床上常可見到因爲罹患癌症而不當使用生機飲食，造成免疫力降低，使身體易受感染，也因爲沒有足夠的體力及免疫力，使得正統治療無法繼續。由於飲食排除了乳類及其製品，使「鈣」的攝取量不易達到每日一千毫克的標準。維生素B_{12}僅存在於動物性食物中，完全素食者無法由飲食中得到足夠的建議量，因此長期吃素時，可能需要定期注射維生素B_{12}補充。

由於生機飲食含大量的高纖蔬果、豆類及五穀雜糧，攝取高纖維的食物，有助於促進腸胃蠕動，預防大腸癌及慢性疾病，但是纖維在腸道中會吸收水分產生膨脹效應，對於腸胃道手術後或腸胃功能不佳者，可能會有腹脹、脹氣的現象。過量的纖維會干擾食物中鈣、鐵及其他礦物質的吸收，因此貧血、骨質疏鬆者，以及正在服用鐵劑、鈣片或其他礦物質補充劑時，不宜和大量的纖維同時食用。

Q7 精力湯可以補充多種蔬果，是否適合所有的人？

A 生機飲食特別強調飲用精力湯、回春水及其他多種蔬果汁。對於慢性腎臟衰竭及因腎功能衰竭需要透析（洗腎）治療者，多量的水分及高鉀含量的蔬果汁，反而會影響水分在體內的滯留及透析治療的效果，甚至造成心律不整而危及生命。許多腎臟衰竭的病友需要服用鈣片來降低食物中磷的吸收，而全穀類食物、堅果、豆類及酵母含高量的磷造成腎性骨病變。

對於心臟衰竭、血液循環不良或肝硬化有腹水者，因為使用利尿劑的治療，對於水分的攝取需加以控制，亦不宜飲用大量的精力湯或其他蔬果汁，以免影響治療。苜蓿芽是生機飲食中常用的素材，其中的大豆胺基酸會促使紅血球破裂引起貧血，更加重紅斑性狼瘡病友自體免疫的潛在問題。

A Q8 應該怎樣調配生機飲食，對身體最好？

中庸式生機飲食，也就是說在每周飲食中至少有三次的魚類攝取，另外可加入有機蛋、有機肉及乳製品。選用的肉類必須是白肉，不吃豬、牛、羊三種紅肉，而且選擇橄欖油、芥花油或茶油做爲烹調用油，避免油炸、油煎及油酥的烹調方式。其次，每天至少二份的水果，三種以上的蔬菜，以五穀雜糧取代精白米或白麵包。如果是純素食者須注意廣泛攝取多樣的食物，避免營養不均，而且一餐中須同時包含五穀類和豆類，因爲穀類較缺乏離胺酸，豆類則缺乏甲硫胺酸及胱胺酸，兩種食物同時食用則可取其胺基酸互補的功效；此外，每周食用四至六次堅果類以補充蛋白質及單元不飽和脂肪酸，飲食中添加酵母可補充維生素B群。

任何事情都有正反兩面，以補充酵素立場來看，生食最有利，但也必需注意生食所帶來的另一影響。

Q9 **補充酵素有哪些方法？**

A 1. 攝取食物酵素補充物。

2. 生食食物（因爲食物加熱超過攝氏五十度時酵素活性會被破壞）。

Q10 **哪些食物含有酵素？**

A 所有未經過烹煮的天然食物都含有豐富的酵素。也就是說，動物的肉、植物的根、莖、葉以及樹木的果實等，均富含豐富的酵素。因此不論動物、植物、微生物，在其生物體中，一定都含有酵素。但是人類自從懂得用火之後，皆食用高溫煮熟的食物，其中所富含天然的酵素活性自然就被破壞殆盡。

Q11 **酵素為什麼可以幫助食物消化？**

A 動、植物爲了要維持生命，都要有吸收養分的組織構造，但是動物所攝取的食物主要是分子較大的蛋白質、脂肪、醣類等，因此還需要有消化的構造與功能，將大分子的食物分解成爲小分子養分，並且加以吸收利用的過程，稱爲消化作用。

消化作用又可分爲化學消化和物理消化兩大類。蛋白質分解爲胺基酸，脂肪分解爲脂肪酸，醣類分解爲單糖等，都必須有酵素的參與，稱爲化學消化。另外所進食的食物，爲了要加快化學消化的進行，部分的動物會有特殊的物理消化構造，將食物磨碎或切碎（咬碎），以便增加和酵素作用的面積，這就是稱爲物理消化。

酵素經催化作用後將食物消化，並且將養分由細胞吸收後進入血液中，此時這些消化完全的養分被用來建構肌肉、骨骼、神經等等器官。就如同我們咀嚼米飯時，米飯中的澱粉會被唾液中的澱粉酵素所分解，同時會有愈嚼愈香甜的感覺，這是因爲酵素分解作用加強的結果。再則胃腸內還有許多幫助營養素的消化酵素，可將食物轉化爲人體易於吸收的物質，如此才能被身體充分吸收與利用。

Q12 酵素對增強免疫力有幫助嗎？

A

酵素具有增強免疫力的作用：

1. 可以促進自然殺手細胞與巨噬細胞的功能。
2. 加強白血球及細胞吞噬作用。

3. 調節T細胞與自然殺手細胞作用。

4. 能夠激發細胞製造細胞因子。

因此，疾病發生機率與免疫力的強弱是成高度反比關係，同時免疫力的強弱與體內酵素量庫存的多寡是成正比的，也就是說，酵素貯存量越大的人就越健康。所以在高度文明的今日，外來食物酵素的補充便是避免體內庫存酵素消耗的最佳方式。而外來食物酵素的補充，最重要的是酵素的活性能否在人體胃液酸性環境下保持較長時間。

Q13 人體內不能自己生產酵素嗎？為何要從體外補充？

A 每個人一生中可以自行生產的酵素總量是一定的，這個總量就叫潛在酵素。此種潛在酵素就如同銀行存款，不論是用在飲食、娛樂，餘額都會減少。同樣的，潛在酵素會因爲消化吸收、代謝解毒的需要而逐漸減少。因此除了要珍惜外，更需要避免加重體內器官的負擔。自從食品工業技術的突飛猛進後，人工添加劑大量的進入每個家庭中，也進入了我們的體內。而這些文明進步下的速食與精緻食品文化，不但無法幫助食物酵素的補充，更進而消耗體內自發性分泌酵素的消耗量，不但使得原有的酵素失去功用，更造成器官的障礙，形成現代人類的各種不同文明病。隨著各種生活習慣、飲食、器官的老化，分泌酵素的能力逐漸下降，使得愈來愈多的人發生營養不均衡、消化不良、便秘、疲憊等，此類的消耗，直到酵素減少到無法滿足新陳代謝需要時，人就會死亡。

Q14 A

現代人常見的循環系統疾病，也可以利用酵素改善嗎？

在中國傳統的醫學裡，許多高貴的補給品，是具有高度的清血功能，這種清血作用的目的不外乎就是要來改善循環系統。簡單的說，當血中的血小板凝結時，血液中的黏稠度自然會增加，此時會使得血液的速度變慢，甚至會形成血栓的傷害，造成心臟疾病或者腦血管病變的原因。而食用此類清血功能的補給品，是使血液黏稠度降低，順暢血液的運行，促進新陳代謝功用。而酵素因具有抗發炎作用、抗血小板凝結作用、促進血栓溶解，促進溶解膽固醇斑塊作用，具有改善心絞痛、改善血栓靜脈炎、減少血管疾病及中風機會，因此，酵素對人體的循環系統具有高度功效。

Q15 肥胖者已經營養過剩了，也需要補充酵素嗎？

A 心血管疾病一直是高居國人十大死亡病因，其危險因子有高血壓、高膽固醇、空腹血糖過高、血中胰島素過高等，而肥胖更是其中之一，而且是主要危險因子。因爲肥胖會影響到溶解系統與凝血系統，增加心血管發病機會。再加上部分過度肥胖者，由於壓力過大，或者暴飲暴食，更會造成免疫力快速下降，以及爲了減肥而控管所進食的熱量，造成營養失衡、免疫力下降更形惡化等不良後果。而酵素因具有預防心血管疾病，可提升免疫力功效，因此可說是肥胖者的最佳營養補給品。

Q16 經由壓力引起的疾病，吃酵素有用嗎？

A 短暫的壓力，可以提升人體的免疫力。但若是承受長期的壓力，而沒有適度舒緩調節，便有可能導致心血管及代謝疾病增加的機會、降低免疫功能。

明顯的症狀是肥胖、糖尿病、免疫功能下降、動脈硬化、血壓升高、冠狀動脈疾病、心肌梗塞。其危險因子包括吸煙、肥胖、高血脂等等，此類症狀的發生，更是與血栓與發炎反應成正相關。而酵素因具有抗發炎作用、溶解血栓、溶解膽固醇斑塊作用，因此不但能減緩，同時更具有預防心血管及腦部疾病的功效。

在長期壓力下，免疫功能變的低下，這些變化使自然殺手細胞功能下降、細胞吞噬作用功能下降、抗體製造功能下降與產生數量減少等等。而酵素因具有增強免疫力的作用，因此酵素能增強免疫力的機轉，對於現今人類的健康維護具有高度功效。

Q17 加工過的食物，是否會令酵素流失？

A 自從一百五十萬年前，人類懂得用火後，便逐漸遠離自然食品用法。而現今人類所食用的食物，都是經過加工、精緻化、高溫消毒、烘焙、燒烤、燉煮或者是油炸的速食，此時所攝取的大部分都是無酵素食品（因爲食物加熱超過攝氏五十度時酵素活性會被破壞），所以人體必須再自行分泌更多的酵素來應急。如此結果，便造成了潛在酵素量的減少，這種作為，無異是在縮短自己的生命。然而浪費潛在的酵素的原因，不僅是加熱處理後的無酵素食品，而且還包含食品添加物、藥物等，這些都會增加潛在酵素的消耗量。因此，避免潛在酵素的消耗，即是為自己打造健康之道。

A Q18

酵素可以排毒嗎？

酵素因為參與了人體內所有新陳代謝的過程，所以生物體內所有細胞的活動都要靠酵素才能啓動，此時酵素必須先行分解有毒物質，人體才能排除毒物，當危機發生時，酵素首先會忙於分解屯積的廢物，排出體外。目前從世界各國的研究報告與醫學文獻中得知，酵素起碼有以下功用：

1. 抗發炎。
2. 舒緩肌肉與關節傷害。
3. 去除傷口壞死組織，具有清瘡作用。
4. 改善關節炎的腫痛症狀。
5. 促進手術傷口的復元。

6. 重建消化道機能。
7. 降低心血管疾病與中風的危險性。
8. 改善呼吸道功能。

Q19 運動員需要大量體能，補充酵素會不會降低體能？

A 運動員或者是常運動的人最在意的是，食物的養份是否被身體所吸收，並且能夠被充分利用。然而，卻忽略了另一項重要事實，那就是活動愈激烈，酵素消耗量愈多，因此爲了預防酵素短期內大量消耗，外來食物酵素的補充便是最佳的方法。是故，外來食物酵素的補充，不但是能夠幫助食物消化和養分吸收的重要關鍵，更是能夠彌補運動後大量酵素的流失。

Q20 酵素的補充有沒有年齡限制？生病時應不應該限制？

A 自從一九五七年以來，酵素的被廣泛使用，不論是美、英、德、日、俄、義、韓以及台灣，已經發表的論文、人體臨床實驗，都有數百篇之多，甚至還有一流的醫學期刊上，均高度肯定這項天然的營養品，而且效果極佳。因此，酵素決定壽命說，更是近年來研究證實的大震撼。

酵素不僅是維持生命的根本，更是生命的原形。自然界的植物、從開花、結果、落葉、腐化，以及動物的消化吸收過程，無一不是酵素在發揮作用。如果酵素失常，那麼消化、解毒功能都將停擺。因此，每一個生命體都應當依其所能維持生命延續營養的需求來補充酵素，方能身心健康延年益壽。

當孩子在生病發燒時，免疫系統需要大量酵素來幫助體內排除異物或病菌。因爲酵素具有直接消炎作用（減緩發炎反應）、間接消炎作用（抑制發炎反應）、去除自由基作用（減輕細胞的毒性作用），因此是最佳的營養供應良方。

Q21 可否簡單說明酵素對人體的幫助？

A 酵素的作用大致上可歸納爲六種：

1. 改善體質功能：使酸性體質轉爲健康的弱鹼性，強化細胞功能、幫助消化、增強對細菌的抵抗力，藉由體內整頓作用來獲致平衡狀態。

2. 消炎抗菌功能：酵素能誘發、強化白血球的抗菌功能，並清除入侵的病菌與化膿物，所以對發炎部位有著相當大的助益。

3. 分解作用功能：幫助消化分解食物，並加速營養與熱量的吸收，以維持生命現象；另外酵素也能分解滯留在血管內的化膿與污物，使身體恢復健康狀態。

4. 血液淨化功能：酵素能分解並排除血液中因不當飲食、環境污染、公害、藥害等所產生的毒素，及有害膽固醇、血脂，暢通血管，恢復血管彈性並促進血液循環。

5. 細胞賦活功能：促進正常細胞增生及受損細胞再生，使細胞健康，肌膚有彈性。

6. 促進新陳代謝功能：酵素具有促進新陳代謝的能力，使體內廢物排出，調節控管代謝過程的正常化，以維持健康。

A Q22

應該如何選購市售酵素？

1. 取得國家單位衛生署通過核可。

2. 由合法專業酵素工廠生產。

3. 具高度活性，在加工製程階段不超過攝氏四十度的環境下完成。

4. 活性穩定，以生化科技進行保護，不易受外界環境影響。

5. 在人體胃液酸性環境下，保持較長時間之活性。

6. 可同時與其他天然抗氧化之活性物質結合，並受到保護及提高功效。

7. 受生化科技進行保護，可於貯藏期間活性之保存較佳。

PART 1

啓動人體能量，酵素打造好體質

一般人都聽過酵素這個名詞，
但有許多人都將酵素、酵母及發酵混為一談，
對酵素是一知半解，甚至被誤導，
因此，要了解酵素，必須由酵素本質談起。

036

酵素是蛋白質的一種，但蛋白質不一定是酵素

酵素是一種生體催化劑（biocatalyst），它與化學催化劑有類似的功能，但構造並不相同。

從構成元素來說，由於酵素是蛋白質的一種，而蛋白質是由氨基酸構成的，因此酵素也就是氨基酸組成的物質。但是，要注意的是：蛋白質不一定是酵素，只有蛋白質且具有特殊三度空間構造，又能進行生物化學反應者才是酵素。

舉例來說：當澱粉要分解爲葡萄糖的過程，就需要「澱粉分解酵素」來幫忙。在每一個人的唾液、腸胃中都有這種「澱粉分解酵素」，達到此功能；但人體肌肉中的蛋白質，就沒有分解澱粉的功能，所以蛋白質並不是酵素。

兩者主要的差異，在於結構，構造不同，功能就不一樣；因此，酵素與一般蛋白質並不完全相等。

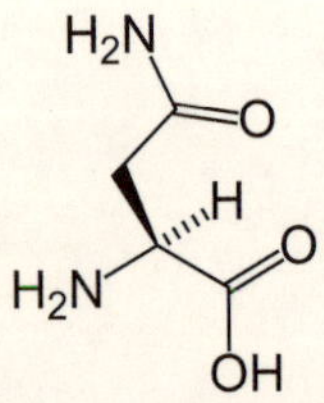

構成酵素的基本單元胺基酸

蛋白質的構成密碼，在於胺基酸的排列型式

從構成的源頭來探討：蛋白質是一種含氮物質，基本單位是「胺基酸」，它是構成所有生物體的主要成分，我們身體細胞中的原生質、粒線體、其他胞器（細胞中小器官）及細胞膜等，都是以蛋白質爲主要成分。

而身體中的酵素、部分激素、抗體及體表的毛髮、指甲等，當然也是蛋白質所構成。由此可知：蛋白質不僅是構成生物體的主要原料，同時也是調節生理機能的主要物質。

蛋白質有很多種不同的構成型態，都是胺基酸依照一定的比例及型式排列而成。在自然界中存在的胺基酸，至少有五十種以上，但是在營養學上常討論、並存在於蛋白質中的胺基酸卻只有二十二種。

蛋白質是生命原料

蛋白質是體內僅次於水、數量最多的物質。

它不但是維持健康和活力的重要化合物，也是一切組織發育所必需的。舉凡

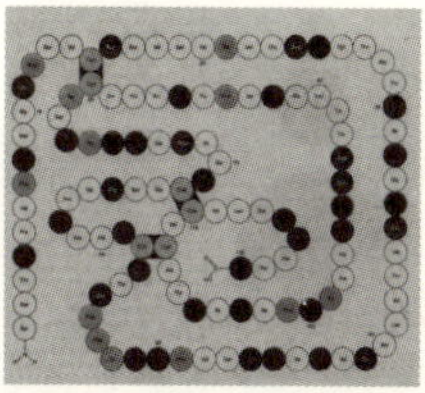

酵素是由一個個胺基酸組成的

我們的肌肉、血液、皮膚、頭髮、指甲、內臟等，它都是主要的構成原料。

看看蛋白質為人體做了那些事？

・維持生命與促進生長→建造及修補細胞組織。
・調節生理機能→將氧氣提供給體內細胞，進行氧化作用，調節體內滲透壓平衡酸鹼、抵抗疾病的傳染，催化營養素的消化作用。
・構成身體重要的物質→構成細胞，製造或替換維持生命的物質。
・供給熱能→每公克蛋白質完全氧化後，可產生四大卡熱能。

人體八種必需胺基酸，少一個也不行

身體所需的蛋白質約有二十二種之多，其中八種是人體無法製造的，稱爲必需胺基酸，必須由飲食中攝取。

爲了使身體合成蛋白質，所有的「必需胺基酸」必須同時存在，而且要有一定的比例。就算只是短時間缺少一種胺基酸，蛋白質的合成也會大幅下降，甚至完全停止，結果使得所有胺基酸都以同樣比例減少。

含蛋白質的食物，不一定包含所有必需胺基酸；含有所有必需胺基酸的食物稱爲「完全蛋白」，缺少某種必需胺基酸或其含量特別低的食物則爲「不完全蛋白」。肉類和乳品多爲「完全蛋白」，蔬菜和水果多爲「不完全蛋白」。攝食不完全蛋白食物時，必須注意搭配，使所有胺基酸都充分獲得。

你可能不知道……

有些胺基酸在人體中可以自製，有些卻僅存於食物中，若不從食物中攝取這些胺基酸，可能就會出現某種症狀。按照它們的重要性，可將胺基酸分為三類：

(1)必需胺基酸

凡是僅存於食物中、身體不能自製的，稱之為必需胺基酸；共有八種：

・羥丁胺酸（Thr.）・離胺酸（Lys.）・白胺酸（Leu.）・甲硫胺酸（Met.）

・異白胺酸（Ile.）・纈胺酸（Val.）・酪胺酸（Tyr.）・苯丙胺酸（phe.）

胺基酸是構成身體蛋白質重要物質，必需胺基酸就是人體無法合成的，需由外界補充，一旦不足，身體將無法製造需要此胺基酸的蛋白質。這導致蛋白質缺乏，容易引起各種疾病。

人體中樞神經系統也不能沒有胺基酸，是胺基酸神經衝動的傳導物（Nurotransmitters）或傳導物的前驅物。這些神經衝動的傳導物是大腦接收及傳送訊息所必備的。除非所有的胺基酸同時具備，否則幾乎任何錯誤都可能發生於訊息的傳送。胺基酸還能協助維生素及礦物質發揮作用，縱使維生素及礦物質能迅速的吸收，但除非胺基酸在場，否則也難以發揮功效。

(2)半必需胺基酸

人體雖可製造這類胺基酸，但自製量不敷嬰兒或小動物需要，若能從食物中補充，那麼人體的發育會更好。

這類胺基酸有：組胺酸（His.）及精胺酸（Arg.），屬「鹼性胺基酸」。（「組胺酸」有時被列為「必需胺基酸」。）

(3)非必需胺基酸

身體中可將「酮酸」經「轉胺基」作用，轉變成胺基酸，使得身體能夠自行製造足夠量的此類胺基酸。包括：

・甘胺酸（Gly.）・麩胺酸（Glu.）・氫氧基麩胺酸（Hyp.）・丙胺酸（Ala.）
・絲胺酸（Ser.）・氫氧基麩胺酸（Hyg.）・胱胺酸（Cyn.）・麩胺酸（Pro.）
・天門冬酸（Asp.）・瓜胺酸（Cit）

體重乘以〇．九，就是你需要的蛋白質攝取量

每日蛋白質攝食量的最低標準很難確定，因營養狀態、體型和個人活動的不同而有差異。美國國家研究院建議，每一公斤體重每天需要〇．九二公克蛋白質，以維持最佳發育和健康狀況。想知道每日需要量，只要把體重乘以〇．九，就可知道大約的數量。

例如：一個五十五公斤重的人，每天大約需要五十公克蛋白質。但是「必需胺基酸」的需要量足夠時，蛋白質的攝取量可酌量減少。

你可能不知道……

蛋白質依化學構造之不同分為：

・單純蛋白質→蛋白質僅由胺基酸所組成，如：牛奶中的乳白蛋白、血液中的血清

蛋白、血清球蛋白，水解後完全生成胺基酸。

・複合蛋白質↓蛋白質與鐵、磷、醣等其他物質結合而成的蛋白質，如：血紅素是鐵質與蛋白質的結合物，脂蛋白是蛋白質與脂質結合而成。

・衍生蛋白質↓蛋白質被酵素分解成胺基酸的過程之各種中間產物，例如：多胜類、蛋白分解物等。

依營養價值分為：

・完全蛋白質↓含有足量的「必需胺基酸」以維持人體的健康與促進生長，如：蛋類、肉類、乳製品、魚類、內臟等。

・半（部分）完全蛋白質↓所含的「必需胺基酸」未達到需求量，只能維持身體健康，無法促進生長，例如：五穀類、水果、蔬菜類所含的蛋白質皆是。

・不完全蛋白質↓不能促進生長，也不能維持健康，例如：玉蜀黍所含的「玉米膠質蛋白質」和「動物膠」。

缺乏蛋白質，病痛就上身

缺乏蛋白質會導致發育和組織不正常，頭髮、指甲和皮膚尤其容易受感染，並造成肌肉狀態不良。

兒童的飲食若缺乏蛋白質可能導致發育不良；嚴重缺乏時會罹患「客下客症」，症狀包括：身心發育障礙、失去頭髮色素、關節腫大等，甚至會有致命危險。

成人缺乏蛋白質時，會缺乏精力、精神沮喪、虛弱、抵抗力弱，受傷和生病時復元緩慢。

身體遭受特殊緊張情況時，會損耗體內蛋白質，例如：動手術、失血、受傷、長期臥病等。遇到上述情況，需攝取額外蛋白質，使身體組織能夠復元。但是蛋白質若是攝取過量，也可能引起液體不平衡。

穀、豆、奶的蛋白質關鍵密碼

．穀類蛋白

穀類蛋白以米、麵粉及玉米較爲普遍。穀類蛋白都缺乏離胺酸（Lys.）。米的缺乏程度較輕，麵粉次之，玉米則嚴重地缺乏離胺酸，並同時缺乏色胺酸（Trp.）及異白胺酸（Ile.）。麵粉及玉米的蛋白量雖比白米多，但質卻比白米差；若要論此三種食物的綜合蛋白營養價值，以麵粉最好，白米次之，玉米最劣。

·豆類

植物性蛋白中，以「黃豆蛋白」及「白米蛋白」品質最好，但黃豆蛋白缺乏甲硫胺酸（Met.）及胱胺酸（Cystine）。

慶幸的是：甲硫胺酸可用化學或發酵方法合成，且價格低廉，可補充其不足。化學合成的甲硫胺酸爲ＤＬ—型，其利用率接近Ｌ—甲硫胺酸（以化學方法合成的胺基酸均爲ＤＬ—型）。

近年來，由於生物技術的進步，用「基因轉殖方法」未來能生產胺基酸種類及含量都均衡的食物，例如：含維生素的米（黃金米等）。

·乳類

牛乳的營養價值雖然很高，但實驗證明：若以奶粉飼養老鼠，不如用雞蛋飼養發育好，若在食物中添加少量甲硫胺酸，就可增進老鼠的生長情況。

由此可知：牛乳中缺少「甲硫胺酸」。但對人來說，牛乳蛋白與雞蛋白一樣好。

．動物膠

把「膠原」長期加熱，等它的立體化學構造發生改變之後，會形成膠狀物，稱之爲膠，這種食品缺乏色胺酸，不適宜單獨食用。

胺基酸添加法的小祕訣

要改善食品營養價值，可在食品中加入其所欠缺之該種胺基酸（如以人工製造者，利用發酵法生產）。例如：在米中加百分之〇．一、在麵粉中加百分之〇．四的離胺酸，則二者的營養價值可提高很多；玉米除添加離胺酸外，同時需加適量色胺酸及異白胺酸，始可顯著的改進其蛋白品質。此稱胺基酸添加法。

當蛋白質「變性」，酵素也會失效

值得注意的是：「變性作用」會讓蛋白質的功能失去效用；當然，酵素也是。

凡是蛋白質若是受到酸、鹼、尿素、有機溶媒、熱以及幅射（X射線或UV）的影響，以致於引起蛋白分子結構之破壞，以及生理活性之改變，這種現象便稱爲變性作用（Denaturation）。

大家都知道蛋煮熟後蛋白會凝固，主要原因爲蛋白質結構受到破壞，也失去了孵化小雞的功能。這種情況，就是一種變性作用。

蛋白質（或酵素）變性時會喪失生物活性，若蛋白質是酵素或激素情況下則不具生理作用，所以一些酵素產品號稱具療效，但酶不耐胃酸則以口服方式馬上變性，失去酵素功能，成爲胺基酸液（amino cicid liquid）。然而一般民眾在不知情況下以高價購買口服酵素產品，得到的效果當然極爲有限。

不過，變性作用只能引起蛋白質二、三、四級結構之破壞，但初級結構不受影響。

蛋白質結構若是屬於抗原性，那麼變性之後其抗原性（antigenity）也會改變，甚至消失。大家所熟知的膠原蛋白，便常發生抗原性（antigenity）改變的情況。

「膠原蛋白」到底是甚麼？

「膠原蛋白」屬「醣蛋白」（glycoprotein）的一種，除了蛋白質外，膠原蛋白還與糖相結合，脊髓動物中的「膠原蛋白」約含「六碳糖（hexoses）」百分之〇．五～一．三，如：葡萄糖，半乳糖等，而非脊髓動物「膠原蛋白」則含「醣類」百分之三～四。這些「醣類」常與「膠原蛋白」之「羥基離胺基酸」以「糖鏈」鍵結而結合。

「膠原蛋白」之胺基酸組成與其他蛋白質有別。如：「膠原蛋白」含有「甘胺酸（Glycine）」百分之二十五～三十、「脯胺酸（Proline）」百分之十二及高量之「羥基脯胺酸（Hdroxyproline）」百分之十，而一般動物性蛋白質之「羥基脯胺酸」含量則極微。此外，丙胺酸（Alanine）有百分之十一，「羥離胺酸（Hydroxylysine）」則至少有百分之〇．五。

膠原蛋白的真假之謎

「膠原蛋白」富延展性，係由不易溶於水的平行線型狀鏈（parallel linear

boundles）所組成，有如三條彼此纏繞在一起的麻花。眞正可發揮人體生理功能的膠原蛋白必須是由三條纏繞的直鏈所組成，成爲螺旋麻花構造一般，如目前很流行醫學美容及藥粧品所使用者，但若三條螺旋直鏈立體結構遭到製造過程或受高熱而破壞，則成爲一般俗稱的「明膠」。

「明膠」就是包在藥物外的膠囊或軟糖材料，價位低很多，嚴格來說只有「右旋三螺旋膠原蛋白結構」的產品正是生物醫學層級，若是結構破壞者則只能充當食品或其他用途，不能做爲生醫材料用，但目前市面上所販賣的膠原蛋白大多只是明膠而已，根本不具修補美化皮膚或抗老等醫美生理功能。

你可能不知道……

「膠原蛋白」是動物「結締組織」重要的蛋白質，一般豬腳或魚皮中就含量豐富，結締組織除了含百分之六十～七十的水份以外，膠原蛋白佔了約百分之二十～三十。也因為含高量膠原蛋白，因此結締組織具有一定的結構與機械力學性質，如：張力強度、拉力、黏彈力等，以達到支持、保護等功能。多細胞動物體內所含膠原蛋白成分，目前已知種類至少有十九種，這些分子之遺傳基因均相異。

酵素、酵母與發酵，傻傻分不清？

一般人容易將酵素、酵母與發酵混爲一談，其實是完全不一樣的。酵素是存在於生物體中的物質，酵母體內當然也含有酵素。

酵素是催化劑

酵素（Enzyme）是生物細胞中各種酶群之統稱，所以酵素又稱爲「酶」，是一種生物催化劑。它的成份是一種蛋白質，由細胞的原生質所產生。酵素存在於所有「生物」（動、植物及微生物）細胞內，催化著各種生物化學反應的速率。酵素在生化反應上所扮演的角色就相當於化學上的催化劑，所以是所謂的「生物觸媒」（biocatalyst）。

基本上酵素是一種蛋白質，所以具有蛋白質的所有特性，由於蛋白質特有的性質，使其具有智慧型的表現，與一般無機觸媒相較，酵素具有許多明顯優點。

酵素具有能準確辨識其特定受質的能力，這種能力或有可能是酵素最重要特性之一，稱之爲「專一性」。一般而言，酵素的專一性可分爲「反應專一性」與「受質專一性」。

*反應專一性：一種酵素通常只能催化某一種或某一類相同類型的化學反應，且其催化的反應幾乎不產生副反應。

*受質專一性：一種酵素通常只能催化某一種或某一類結構和性質相似的物質，依酵素對受質專一性要求的程度，還可分爲數種不同等級。

*官能基專一性：某些酵素僅催化特定基質進行反應，即使面對同分異構物這類構造非常相似的分子，也能清楚地加以區別。如：葡萄糖氧化酵素只催化葡萄糖的氧化反應，對於同爲六個碳的果糖則毫無作用。有些酵素則對特定類別的化合物或某特定化學鍵進行催化，這種專一性則被稱爲「官能基專一性」，如：酵類去氫酵素僅對一級醇、酯解酵素僅對酯鍵具催化作用。再舉市面上常見的解酒用酵素爲例，此類酵素可分解具有酒精結構中官能基，成爲另一種結構以減少酒精對細胞的傷害。

*光學異構物專一性：有的酵素具有辨識光學異構物的能力，可選擇性地僅

催化或優先催化某光學異構物。如：L－胺基酸氧化酵素只能氧化L－胺基酸；而D－胺基酸化酵素則只能氧化D－胺基酸。

酵母菌是微生物

酵母菌是能把糖分分解爲酒精以及二氧化碳的微生物，是一個完整的生物體，內含有各種胞器，同時也具有催化作用的功能，但是酵母菌的催化作用還是要靠酵素來完成，同時酵母菌是能耐熱或耐寒的生物體。目前在食品工業中，多用於酒類的釀造、麵包製造等。健素糖也是一種食用的酵母菌食品。

發酵是生化反應

在傳統觀念上，人們早已知道發酵是自然界原本就有的現象，原指酵母、細菌或黴菌等微生物，將有機化合物分解，轉變成酒精、有機酸、二氧化碳等的過程。整個過程即可以說是一種發酵反應。

最早的發酵產品是酒，古代人因經驗傳承及錯誤嘗試而知道釀酒技術。由於製造酒時有大量二氧化碳產生，有如沸騰；所以發酵（fermentation）源自拉丁文「to be ferVered」就有沸騰起泡之意。

發酵不僅只有製酒，許多傳統食品也都是發酵的產物，如：醬油、味噌、乾酪、納豆等。它最初目的，在於使過剩農產品能存放較久，不致腐敗。

因此，發酵就是指：以微生物或其所含酵素，來製造人類有用物質的有效過程。

發酵食品的四大魅力

第一項魅力：是能讓食物保存得更久。

第二項魅力：是發酵食品本身具豐富營養。例如：煮熟後的大豆，與大豆經納豆菌繁殖後所得的納豆相比，營養成分有如天地之差。大豆經由納豆菌發酵之後，不僅大量酵素，還含有多量的維生素B_1、B_6及菸鹼酸。維生素B_1可防止腳氣病、麻痺、肌肉筋骨疼痛、心臟肥大、食慾不振以及神經方面症狀等病症。維生素B_6則與人體內胺基酸代謝及生長有關，能預防皮膚病。菸鹼酸是維生素B群的一種，也是一種輔酶，能促進血液循環，減少血液中的膽固醇量，對神經系統正常活動有幫助，尤其對昏眩、頭痛、失眠、神經炎、巴金森氏症等均有改善功效。

第三項魅力：是形成特別風味。例如：醬油、味噌存有豆類發酵後的芳香而納豆也有其獨特味道。

第四項魅力：為含有豐富的有益微生物。如乾酪、優酪乳、納豆等均含有對人體有用的微生物。所以發酵食品雖然歷史悠久，但至今仍大受歡迎。

酵素愈來愈受重視

酵素與其他近代科學一樣都是到二十世紀才有顯著的發展，以往視爲生命力（vital force）、無法脫離生命、只在概念上認識其存在的酵素，在一八九七年才由Buchner當成獨立物質從酵母取出，脫離生命也保持機能，能引起與活酵母中同樣的現象，人類如此將可說是生命碎片的酵素取入手中，開啓近代酵素學之門。

酵素歷史演進表

人類對酵素有系統研究的是十八世紀的事情，Leomur（一七一三年）及Spallanzani（一七八三年）取出鳥的胃液會消化肉，Lavoisier在一七八九年將呼吸視為氧化反應。

在十九世紀以前，一般人都認為牛乳的酸敗以及蔗糖的發酵變成酒精，是因為這些物質受具有生命的有機體之作用所致。

直到一八三三年時，研究人員才把能夠分解蔗糖的物質分離確定出來，而給予名稱為澱粉酵素（diastase），以後改稱為澱粉酶—（amylase）。不久，科學家也從胃中分離出能夠消化食物蛋白質的物質稱之為胃蛋白酶（pepsin）。那時學者就把上述的物質統稱為發酵（Ferments）。

Liebig認為發酵物質可能是來自於活細胞內所含的非生命物質，可是Pasteur及其他研究者還是堅持發酵物必須是有生命的物質。此項爭論繼續一段相當長的時間，而在爭論的時間過程中，發酵物的名稱卻逐漸的被酵素（enzyme）取代。酵素的名稱首先是在一八七八年由Kuhne提出，來自希臘語，原意「在酵母中」（in the yeast）。

一八九二年，F. Homeister及E. Fischer發現蛋白質的本體為多胜（polypeptide）以來，有關蛋白質構造的研究顯著進展，科學家認定酵素為蛋白質，酵素蛋白質的研究步上一般蛋白質研究的正軌。

到一八九七年，Buchner證實，只要添加酵母細胞的抽取物而不必添加活酵母細胞，就可以使蔗糖發酵。由此項實驗的成功，解決了發酵物質來自於有生命物質或非生命物質兩派的爭論，而趨向有利於無生命催化作用的學說。

一九二六年，Sumner從傑克豆（Jack bean）的抽取物中獲得尿素酶（urease）的結晶，幾年後許多其他的酵素也逐一的被純化而結晶出來。一旦能獲得純化的酵素結晶，那麼它的結構及特性以後就很快的被研究成功。

酵素蛋白質的構造與機能之關係的研究在一九五〇年代以後有顯著進步；一九六〇年，Kendrew及Perutz藉X光回折法闡明myoglobin（肌紅蛋白）的三次元構造；一九六五年，Phillips決定溶菌酶（lysozyme）的三次元構造，闡明活性中心的實體，推定對基質的反應機構；其後以X光回折法解明很多酵素的三次元構造，具體討論反應機構。

酵素的有機化學合成也有許多人研究，Denkewalter與Hirschmann、Gutte與Merrifield兩組人員在一九六九年成功合成核糖核酸酶（ribonuclease）。

一九七〇年代，科學家運用可溶於水的酵素轉成不溶於水，所謂固定化酵素（immobilized enzyme），用以生產食品及工業產品，如果糖（fructose）糖漿、寡糖（oligo）及胺基酸等。

酵素在電子顯微鏡下是呈現無色透明、多角形的水晶體狀，是極其細微的物質，其大小約爲一公厘的一億分之五左右。市面上所販賣的酵素產品不外乎是液狀或粉末狀，這是商品外觀呈現方式，不代表酵素就是長得這個模樣。

沒有酵素，人體組織就當機

人體內六十兆細胞裡，每一個細胞都有成千上萬的酵素分子在交互作用著，它們是生物體調控反應的工具，是爲生化代謝以及維持生理功能之重要成份，其廣泛存在於天然植物及活體動物中。例如維持生物體的新陳代謝、支配生長與細胞的分裂、調節荷爾蒙的分泌等。因此，人體內所有組織器官的活動都需要酵素。如果說人體像燈泡，那麼酵素就像電流，也唯有通電之後的燈泡才會發亮。

缺多少酵素，就老多快！

酵素中存在著生命能或者稱爲生命力、生命原理，如果沒有這些生命能，人類充其量不過是一堆化學物質的聚集而已。因此，酵素越缺乏，人類就越易老化；也就是說，沒有酵素，就沒有生命。也可以這麼說，酵素量與健康是成正比的。所以，不僅限於人類，對於其他生物體都是一樣的。生命的存在，都是依賴酵素的作用。

失去酵素，吃再多也得不到營養

在人體中，有各種不同類型無數的酵素，負責體內各種化學變化，如：食物的消化吸收，手腳的肌肉動作，頭腦思考判斷，各種的變化，同時在一天二十四小時之間不停的運轉。因此，需要由每天所攝取的營養素來提供這些規律的運作，這就是我們生命活力的來源。如果沒有了酵素，這些營養素就無法消化吸收、轉變催化，所以身體一旦缺少了酵素，即使我們吃再多的食物，也無法取得營養。所以說，酵素是健康的泉源，也是生命的泉源。

PART 2

酵素助你活的老更活的好

酵素可說是維繫生命的關鍵，
沒有酵素就沒有生命，
酵素是在所有活的動、
植物及微生物體內均存在的物質，
是維持身體正常功能、消化食物、
修復組織等必須的。

主導生命本體，酵素精密分工，人工難合成！

目前已知的酵素有數千種以上，科學家目前尚無法利用人工合成來製造與生物體內相同結構的酵素。

酵素在生物體內的形態因酵素種類而異，存在於血液、淋巴液、消化液等體液中成游離形態，但大部分的酵素卻存在於細胞膜或胞器中，完成生化反應之催化劑。

生物體內的酵素爲蛋白質，酵素活性受環境條件之影響，例如：環境的酸鹼度（pH值）、溫度、紫外線、劇烈震盪和濃度等。生物體中若缺乏酵素時，則無法產生生化反應，因而影響生物體生理機能運作。即使人體內有足量的維生素、礦物質、水分及蛋白質、碳水化合物（醣類）等，但沒有酵素，即無法維持生命。

所以，酵素可說是生命的本體，沒有酵素生命就會停止，當酵素停止活動時，生命也無法持續，終至死亡。許多自殺者喝下農藥或劇毒氰化物當場死亡，事實上也就是這些毒物讓酵素活動停頓，因而致命。

酵素的種類

人體是由大約六十兆個細胞所組成，而在每一細胞中均有千百萬種酵素，人體可說是到處充滿酵素。酵素有許多種類，數字龐大得幾乎是天文數字。目前，光是登錄的就已超過兩千種，再加上新發現的，將遠遠超過四千種。數目眾多的酵素若不加以整理，那麼將會造成混亂，因此學術立場上，必須確實的加以分類區別。

目前酵素是依其特性分類，接著根據作用對象的不同加以區分，並以作用方式的差異再予以細分，最後根據所有酵素的各自功能分爲六種。

依酵素分類原則，每種酵素有四位數的號碼。例如澱粉酶是3・2・1・1而多胜酶則是3・4・4・1，因此，研究人員看到了這些數字，馬上就可以知道是哪一種性質的酵素。

酵素學上將酵素分為六種：

一、**氧化還原酵素（oxidoreductase）**：它所進行的氧化反應是人體熱量來源，酵素就是進行這些過程時不可或缺的催化劑。

二、**轉移酵素（trans ferase）**：它的作用爲「轉移反應」；爲了推動氧化、還原反應，先前搬運物質的一種反應作用。

三、**分解酵素（hydrolase）**：它負責進行加水分解反應，食物加水後，便會自然成爲小分子，這是因水分子促進食物中的蛋白質分解所造成，這種反應就稱爲加水分解反應，這類酵素就是熟知的消化酵素。分解酵素外的酵素與新陳代謝有關是爲代謝酵素。

四、**裂解酵素（lyase）**：對於無法加水分解的食物，就必須依靠裂解酵素（lyase）的作用，進行分解與合成。

五、**異構化酵素（isomerase）**：將葡萄糖轉化爲果糖的異性化反應時，需用到這種酵素。

六、**接合酵素（ligase）**：異種分子結合後，產生新分子時（接合反應），需要接合酵素的催化作用。

代謝催生與細胞修補都靠它

生命的存在，是藉著體內成千上百種代謝反應，不斷地運作而維繫著。當新陳代謝系統發生問題時，人體就會感覺到不舒服、疲倦。而新陳代謝的過程中，有一個重要的催生者，那就是「酵素系統」。每一項新陳代謝都有專屬的酵素，因應各項新陳代謝的需求，人體內的酵素亦有成千上百種。

無論呼吸、食物消化與吸收、肌肉運動、身體的組織與形成、腦部作用、神經傳達等各種生物的活動，都需要各種不同作用的「代謝酵素」相互合作，才能完成。

然而，酵素對溫度極爲敏感，當人體發燒、體溫上升時，酵素系統會受到波及甚至停頓，使人體呈現疲倦、身體有氣無力的反應，嚴重者甚至連意識都會變得模糊起來。

此外，人體細胞經常會發生ＤＮＡ損傷原因，有：被正常代謝的副產物活性氧分子（自由基）攻擊導致的損傷（即自發性突變）以及外源性損傷。如：太陽的紫外線，他頻率的輻射（包括X射線和γ射線），這些植物毒素造成的突變物質（煙產生的烴類等）以及腫瘤的化學療法和放射線療法等。人體內的代謝酵素就有修補功能，若沒修補還原的話，就容易引起各項疾病甚或致癌。

人體的發電機

各類不同的酵素在人體內扮演著發電機角色，產生熱量。汽車藉著汽油燃燒、氧化、產生能量後，才得以發動。事實上，人體內當然也有相同的作用正在進行。

與汽油燃燒相同，會產生高熱一樣，人體內的營養素也不斷地在轉換成可利用的熱能。不過，生物體內熱能的產生，比汽油燃燒複雜。人類與所有好氧性生物，都必須藉由呼吸取得氧氣，才能將吃下的營養素氧化，以產生熱能。這種藉由氧化過程，將原料（營養素）轉變成能量（熱能）的原理，則和汽油燃燒的原理相同。

還好，人體不會像汽車般地產生高熱，只需在常溫之下，不需任何高壓設備，就能進行氧化反應；這些都得歸功於酵素的作用。藉由著各種酵素的作用，人體才能安全而順利地進行複雜的養分氧化工程。

除了熱能的製造之外，酵素還兼具未雨綢繆的熱能貯備功能。

人體內各種酵素聯合作用，可將吃下的食物轉爲一種物質——ATP。ATP儲有能量，當人類要使用時便會釋放出能量，能量可轉爲各種形態利用，如：熱能（維持體溫）、活動（運動、工作）等。大家都聽過喝醋可促進健康，事實上醋可轉成「乙醯輔酶甲」直接產生能量供身體使用，其原理在此。

代謝過程中的「酮基戊二酸」若經由微生物或酵素作用可成爲「麩酸」，「麩酸」的「單鈉鹽」就是所熟知的「味精」。此外，代謝中間產物檸檬酸在檸檬中含量很多，所以檸檬對人體相當有助益，理由在此。

四大食物酵素，分解養份大功臣

酵素在人體的基本功能是分解與合成作用。大家都知道，酵素會將澱粉分解成單糖，如：米、麥、含澱粉類的薯類；蛋白質分解成胺基酸，如：魚、肉；脂肪分解成脂肪酸，如乾酪、牛奶。有了這些養分，才能被細胞吸收利用。

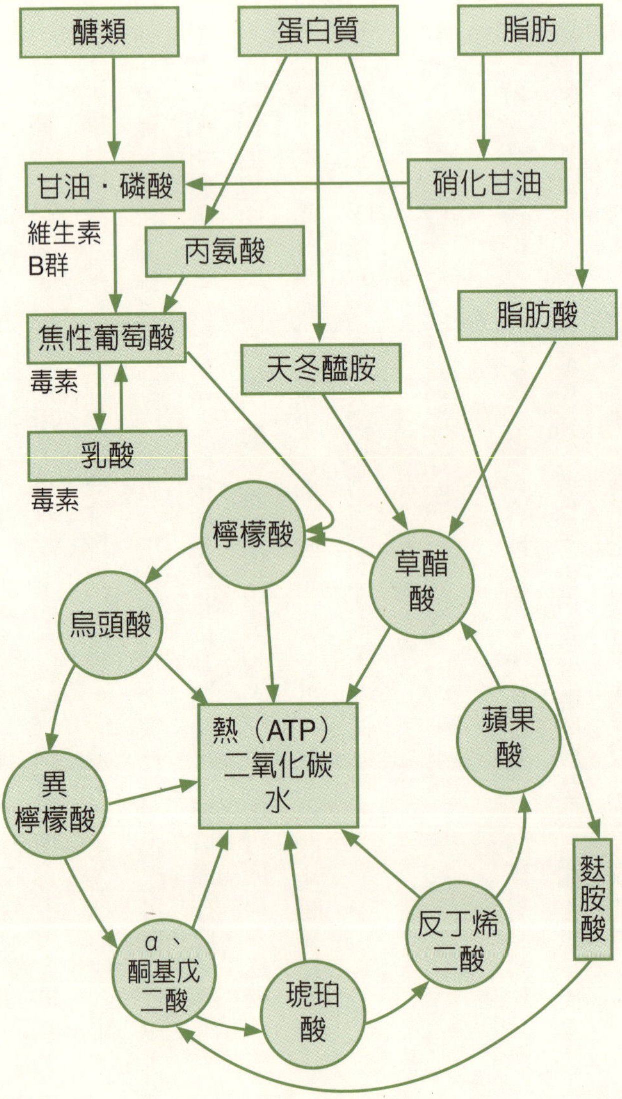
醣類
蛋白質
脂肪
甘油・磷酸
硝化甘油
維生素
B群
丙氨酸
脂肪酸
焦性葡萄酸
天冬醯胺
毒素
乳酸
毒素
檸檬酸
草醋
酸
烏頭酸
熱（ATP）
二氧化碳
水
蘋果
酸
異
檸檬酸
麩
胺
酸
反丁烯
二酸
α、
酮基戊
二酸
琥珀
酸

若依一般的認知，食物酵素可分爲四大類：

1. 澱粉酶：分解澱粉
2. 蛋白酶：分解蛋白質
3. 脂肪酶：分解脂肪
4. 纖維酶：分解纖維素

此外，酵素可分爲單一酵素及複合酵素兩種：

「單一酵素」表示一種物體皆含有一種酵素。

「複合酵素」是由多種「單一酵素」集合起來的酵素，其作用則是多重性的。

我們每天飲食所吃進的食物，在人體中會成爲小分子營養物供身體進一步使用，這個分解過程最大的功臣，就是大家所熟知的「消化」作用。

但是食物爲什麼會被消化分解呢？爲什麼肚子餓的時候沒有力氣，但是吃飽之後就有力氣呢？原來，生物細胞中有一個大魔術師，會將食物轉變成各種不同的東西，而主導這類變化的魔術師就是酵素。

人體內因爲有酵素，所以吃完牛排之後不會長牛排，酵素會先將牛排分解，再重新組裝成人的肌肉。食物的第一步消化作用發生於口腔，當牙齒將食物切斷、磨碎，增加食物與消化液的接觸面積後，咀嚼越細就越容易消化。

食物進入胃時，會受胃液中酵素的分解。胃液的主要酵素是胃蛋白酶，由主細胞分泌，用來分解蛋白質。然而分泌出來時是胃蛋白酶，亦即酵素前驅物（precursor），尚無活性，需先由鹽酸活化變成胃蛋白酶，才可作用於蛋白質。

胃蛋白酶將蛋白質分解成小分子蛋白多胜，送入小腸後，再做進一步水解。胃液還含有少量胃脂肪酶，僅作用於碳數在十以下之脂酸組成的三酸甘油酯，如：乳類中之脂肪。嬰兒時期，胃液有凝乳酶，以幫助乳之凝固，防止乳快速通過胃使其充分的時間讓酵素作用。凝乳酶在有鈣離子存在時，可以把乳中之酪蛋白部分分解成變性酪蛋白而凝固，讓胃蛋白酶得以將之進一步分解。

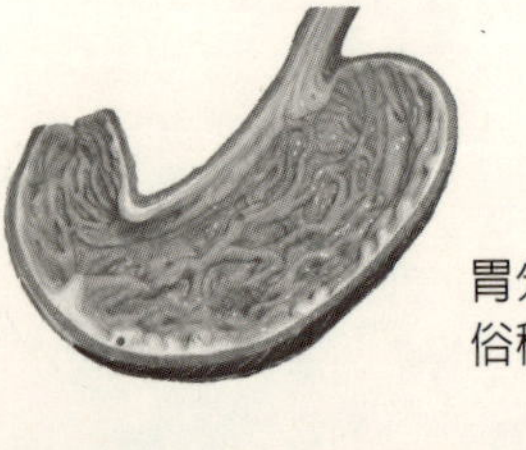

胃分泌的酵素是
俗稱的消化劑

你可能不知道……

口腔內有三對唾液腺——腮腺、頷下腺及舌下腺可分泌唾液及唾液澱粉酶。唾液用來濡濕食物，使成糰狀，以便利吞嚥；唾液澱粉酶可消化澱粉。然而由於食物停留在口腔的時間不長，以及酸性環境不同，不利於澱粉之消化，所以澱粉在口腔內的消化並不重要。口腔除了消化澱粉外，尚可消化一小部分澱粉成麥芽糖，所以吃米飯或嚼饅頭，越嚼越感覺得到甜味。

消化作用在小腸，胰臟分泌酵素最多

食物在人體的消化作用大部分在小腸進行，肝臟、膽囊、胰臟等分泌大量且多種酵素及乳化劑幫助消化。其中以胰臟分泌的酵素為最多。

人體小腸內有多種酵素，可分別作用於醣類、蛋白質和脂肪：

1.「胰蛋白酶」及「胰凝乳蛋白酶」

二者均作用於「蛋白質」及「多胜」，使其分解成為小分子量的胜類。「胰蛋白酶」作用於「離胺酸」和「精胺酸」；「胰凝乳蛋白酶」作用於「苯丙胺酸」、「酪胺酸」及「色胺酸」等處。

2. 胜肽酶

作用於「多胜」或「雙胜」類。

3. 澱粉酶

屬α—型的酵素，可以把「澱粉」或「肝醣」轉變成「麥芽糖」及「寡糖」。

4. 脂肪酶

可將中性脂肪分解成：脂酸、甘油、單甘油酯或雙甘油酯。「胰脂肪酶」對「三酸甘油酯」之2、3位置（即α—位置）的「酯鍵」有特定型的水解作用。其他酸與醇類結合成的酯類，如：膽固醇酯等，亦有特定的「脂肪酶」可進行水解。

所以食物在人體內的分解消化實與酵素有密不可分的關係，可見消化酵素的重要性。

天然發酵納豆，日人長壽有原因

由於酵素對人體很重要，爲補充人體內不足的酵素需要來自天然食物，但酵素不能加熱蒸煮，需食用生食才行，無論動、植物都是。如：日本人常吃的生魚片、生馬肉或生牛肉等，就是由生鮮動物中獲取酵素，而生菜沙拉及生鮮果菜汁即是由生鮮蔬果中獲取酵素。

近代生物科技雖源自一九七〇年代，但在還沒有現代生物科技之前就有傳統發酵食品，例如：醬油、味噌、乾酪、優酪乳以及納豆等，這類傳統食品對健康都有很大的幫助，可提供食物酵素。而現代產品摻有大量食品添加物、防腐劑、抗生素等，易對人體造成永久傷害。

日本的傳統發酵食品納豆，雖源自古中國，但經日本改良之後，已成爲具日本特色的家常食物，也是日本人長壽之重要原因。納豆研究的突破是在一九八〇年代，由於納豆中含有分解血栓的酵素能防止血栓、減低心肌梗塞風險，納豆便

納豆是日本常見的傳統發酵食品

逐漸成爲風行全球的保健食品。

納豆中有很多酵素，主要的叫納豆激酶（nattokinase），此酵素與一九七〇年代所研發的尿激酶（urokinase）有相同功效。筆者過去便曾參與尿激酶的研發工作，並將其順利地商品化，得到教育部的科技發明獎。尿激酶主要即是以打針方式治療血栓病症，有其獨特療效。

如果平日能食用納豆激酶，防止血栓生成，即能常保健康。近代有關納豆激酶的生物科技產品除了含有酵素外，並含有納豆其他營養成分，而且不會如食用納豆般，有大豆青臭味及黏稠絲狀物的感覺，因這些優點納豆才會成爲流行的酵素供給源，可說是現代人的良好保健品。

酵素智慧高，分工也合作

儘管人體內的酵素總數多得驚人，然而每一種酵素都有獨特的功用。蛋白質類的酵素無法消化脂肪，脂肪類酵素也不能消化澱粉，這就是酵素的「專一性」特異性，換言之，酵素是相當高智慧的。

酵素小到可以穿過腸膜細孔，並進入血液中，血液中的酵素將食物消化後，用來合成肌肉、神經、血液及腺體。

同時酵素也有助於將醣類貯存在肝臟及肌肉，並將脂肪轉變成肥胖組織。酵素還有助於尿素形成，尿素隨後會從尿液中排除，時有助於從肺中排除二氧化碳；而有一種酵素會輔助骨骼和神經組織吸收磷，另一類則會輔助紅血球細胞吸收鐵。另外精子中的酵素會溶解卵子薄膜上的縫隙，然後精子才得以進入卵子。

來自尿中的尿激酶可用來溶解血栓，而在免疫系統中的酵素則會消滅血液及組織裡的廢物和毒素；這幾個少數的例子，就足以證明酵素對人體各項功能運作的重要。

酵素對反應物的特異性，亦即一個酵素對特定化合物（反應物）的一個化學反應有「選擇性」的「觸媒作用」，此作用取決於該物質是否在酵素的「結合部位」引起「生產性結合（productive binding）」，所以化合物與酵素的結合部位要有「互補」的相互作用，兩者因而結合，此種結合的化合物稱爲該酵素的基質。

酵素與基質的結合物（不安定的酵素反應中間體）稱爲「酵素—基質複合體（enzyme substrate complex；ES複合體）」，因而特異性取決於可否形成ES複合體。例如：澱粉酶可將澱粉分解爲糖類，澱粉就是酵素的基質。

和其他酵素同伴們通力合作，完成任務，也是酵素最擅長的性質特徵代表。酵素是依「團體活動」達成任務的。除了極少數的例外，大部分的酵素活動皆以團體爲單位。多種以單一營養爲反應對象的酵素集合成後，進行著新陳代謝的生命活動。例如：酵母菌要將葡萄糖發酵成爲酒，在酵母菌體中必須靠一連串酵素的集體反應而非單一酵素所能完成。

維生素和微量元素是酵素好幫手

酵素推動生物化學反應工作時，要有助手來共同完成，這些助手稱爲輔酶（輔酵素，coenzyme），我們日常生活需要許多微量元素（如：鋅、鎂、鐵等）以及維生素，其實也是做爲酵素的協助功能的，稱爲輔因子（cofactor）。

以常見的金屬與維生素為例：

1. 金屬

許多金屬可用爲酵素活性化因子（activator）；羧肽酶（carboxy peptidase）的鋅直接關連酵素活性的呈現；脂肪酶（lipase）的鈣維持酵素呈現活性所必要的立體構造，間接參與活性呈現，表五爲代表性金屬與以它爲活性化因子的酵素。

2. 維生素

維生素除了本身的營養素成分之外，還含有促進體內多種化學反應的成分。礦物質也是如此。因此，維生素和礦物質皆可發揮輔助酵素的功能。

酵素的主要成分爲蛋白質。不過，除了蛋白質之外，許多酵素也含有維生素、礦物質等其他物質。不論是本身已經具備或是須藉助外在補充，大部分的酵素都需要有礦物質、維生素等營養素的輔助，才能完成各種任務。以加水分解酵素爲例：必須要有維生素B、維生素C等水溶性維生素及礦物質等的輔助，才能順利運作。

營養素轉化爲熱量的過程，亦是如此。在第一階段的反應中，「去氫酵素」會將物質中的氫去除，此時，一種名爲菸草醯胺的維生素成分就會發揮輔助酵素的作用。在搬運氫分子的第二階段中，另一種稱爲「核黃素」的維生素便會參與作用。礦物質也是如此，鐵、鎂、鈣等物質，對新陳代謝及各種酵素的活性化亦深具影響力。

維生素和礦物質，可說是酵素進行各種作用時不可欠缺的最佳幫手，這也是服用維生素能達到消除疲勞、促使全身活化的原因之一。

雖然維生素具有如此驚人的功效，我們仍建議讀者能從日常飲食中充分地攝取天然維生素，而非仰賴人工維生素的補充。

有效價值取決活性，跟重量無關

酵素的有效性是以活性爲指標，酵素售價高低也以活性而非重量爲交易標準。因此，酵素活性是代表品質好壞。

酵素活性代表成一定量酵素觸媒反應的速度；測定酵素活性時，原則上使基質或輔因子的濃度成爲最適，測定初速度；一分鐘變化基質1毫摩耳所需的酵素量稱爲1（單位），表成1U（International Unit，國際單位），試料溶液1毫升的unit（U．ml-1）相當於酵素濃度。

酵素會因變性而失去活性，不過當變性仍在可逆範圍內時，活性也可隨立體結構而可逆復活。酵素活性取決於酵素蛋白質的立體構造，其立體構造取決於一次構造中胺基酸的排列方式；藉遺傳基因特定的DNA資訊而生合成有一定胺基酸配列的多胜鏈，在其胺基酸配列形成規定的立體構造上，生成有特定活性的酵素。

由於酵素的活性依存於酵素蛋白質的立體構造，那麼立體構造中的何種構造，何種胺基酸的側鏈直接關係到酵素活性呢？胰蛋白酶、胰凝乳蛋白酶、凝血酶（thrombin）等稱爲絲胺酸蛋白酶的一群蛋白酶，具有對蛋白質的加水分解觸媒的共通活性，不過，以一個特定的絲胺酸殘基爲中心，前後的胺基酸配列有完全相同的部分；一個特定組胺酸殘基及天門冬酸殘基也有共通的配列；亦即一群絲胺酸蛋白酶分別有固有而不同的胺基酸配列，表示三胺基酸殘基的前後共通；若立體構造取決於一次構造的胺基酸配列，則各絲胺酸蛋白酶立體構造中，表示三胺基酸殘基分別有相同的配列；亦即各絲胺酸蛋白酶全體的立體構造不同，但有共通立體配位的部分存在。

一種酵素蛋白質分子中並非只有一個活性基，有時數個活性基存在，這些活性基集中立體構造的一部分，活性基間互取一定的空間配位；活性基間的相互位置因變性而異動時，不能呈現活性。

酵素最怕熱，50℃就變性

酵素因爲是蛋白質的一種，所以在正常情況下是不耐熱的，溫度過高破壞酵素結構，喪失功能。

大部分的酵素約在攝氏50℃開始熱變性，溫度越高時變性速度越快，活性急速減低；酵素在不降低活性而保持安定的溫度，稱爲「安定領域」或「溫度安定領域」，「安定領域」因酵素種類而異；通常酵素在低溫比較安定，大部分的酵素凍結也很安定，可藉冷凍乾燥粉末化，此種酵素可做成冷凍乾燥粉末，並凍結水溶液而長期間保存。但水溶液狀態若在攝氏零～四度長期間保存會逐漸變性，並被微生物污染，遭微生物產生的蛋白酶破壞。另有一些酵素在低溫下反而會變

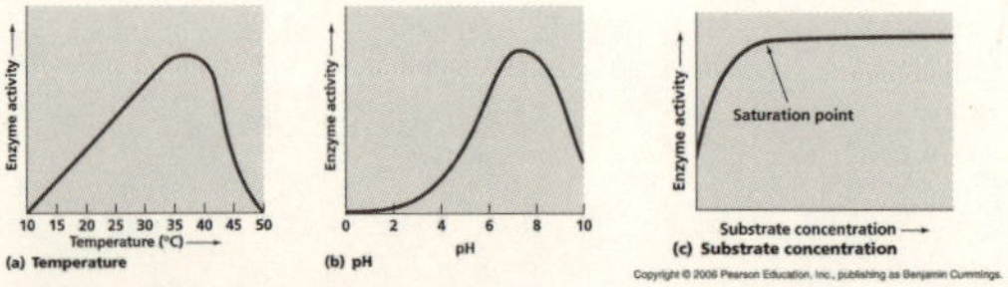

酵素依溫度及酸鹼値反應圖

性而失去活性。

在高溫方面，大部分酵素在攝氏70℃時會完全失去活性，但目前也有能耐攝氏一百度以上高溫的酵素，對熱安定的酵素在工業生產上相當有利。所以酵素製品在運輸與貯藏過程中要特別注意溫度問題。

酸鹼度影響活性，pH值要注意

人體的消化液酸鹼值不一，一部分蛋白質的消化在胃進行，胃會分泌pH值1.6～4的鹽酸和消化液。當蛋白質和其他食物消化後，變成半液態的食糜，再慢慢通過小腸。酸性的食糜在十二指腸中，會被含碳酸氫鹽電子的胰臟分泌物中和，此時pH值在7～8。這個過程很重要，因爲胰臟及小腸中的酵素在鹼性環境下活性最強。

胃會分泌胃蛋白酶，並開始消化蛋白質食物。「胃蛋白酶」只在酸性的消化液中活動，進入小腸後，鹼性的胰臟分泌物會阻礙胃蛋白酶的作用。此時，小腸會分泌消化蛋白質的「胰蛋白酶」，可以取代「胃蛋白酶」未完成的工作。所以，人體在酸性環境的胃裡消化蛋白質，然後在鹼性環境的小腸裡進行消化工作；而胰臟所分泌的澱粉酶和脂肪酶會進入小腸，消化脂肪及碳水化合物。由人體消化過程，可知酵素與酸鹼值的關係。

對大部分的酵素而言，弱鹼性仍是最適合發揮作用的環境。因此，在日常生活中，可多攝取蔬菜、海藻類等鹼性食品，維持弱鹼性的體質，使酵素能發揮完全的作用。

一般市售酵素產品若是沒經特殊技術處理，則無法通過胃酸低pH值環境考驗，一旦分解後就失去效果，所以醫用酵素均以注射方式以保效果，但酵素若經特別處理（如：架橋交聯技術）則可以耐酸，就能直接服用。

胃和小腸不一樣，鳳梨酵素可通關

近年來也有研究指出，體內酵素和胃蛋白酶最適合在pH值1.5～2.5中作用。一開始胃的消化pH值是3～4，此時，胃蛋白酶無法發揮最強的消化功能；換言之，在胃消化之初，胃蛋白酶幾乎沒有什麼作用，直到胃裡的酸度增強，在食物吃完後三十到六十分鐘，胃蛋白酶的功用才愈來愈強。

有些酵素（如鳳梨酵素）在pH值是3～8的環境下活性最強，不僅在胃的酸性環境下會保持活性，同時在小腸pH值是7～8的鹼性環境下，也能消化蛋白質。這說明了，胃酸並不會殺死所有的酵素。胰蛋白酶讓十二指腸造成鹼性環境，而且胰蛋白酶會繼續在小腸的鹼性環境中消化蛋白質。

鳳梨酵素經過證實，有和胃蛋白酶及胰蛋白酶一樣的消化功能，既可以在胃裡，也可以在小腸裡消化食物。因此，鳳梨酵素可當作胃蛋白酶及胰蛋白酶的替代補充酵素，這是某些食物來源的酵素有益健康的道理。

另一個容易誤解的是，胃只會分解部分的蛋白質，而脂肪和碳水化合物要在有胰蛋白酶的小腸才會被消化。其實，植物酵素已經確認能在pH值範圍較廣的環境下活動，並帶動胃和小腸先消化澱粉和脂肪的活力。這不僅僅是指蛋白質類的酵素，還包括了消化脂肪及碳水化合物的酵素。

你可能不知道……

酸鹼值（pH值）表示氫含量的多寡，溶液裡的氫愈多，酸度愈高；pH值越低，氫濃度越少，鹼度越高，pH值越高。所以，酸鹼值（pH值）就是溶液的氫濃度，酸鹼值的範圍從1～14，1～6是酸度，1是極酸，6是弱酸；7是中性，8～14是鹼度，數值越大鹼度越高。

PART 3

由內而外，告別惱人症狀

人類的壽命長短與體內酵素含量有密切關係。
人體內的酵素貯存量和能量成正比。
當年齡遞增，酵素會慢慢減少，
當酵素含量減到無法滿足新陳代謝的需要時，
人就會死亡。而慢性病人、
老年人和低酵素量都有密切關聯。

根據實驗，年輕人身體的組織內有較多的酵素貯存量；相反的，老年人就少多了。當年輕人吃下熟食（酵素已遭破壞），器官及體液內分泌出的酵素量比老人多，這是因爲老年人吃熟食多年，酵素貯存量已遭耗用殆盡；但是，年輕人的貯存量仍可以維持在最高值。

年輕人因爲體內有較多的酵素，才有足夠本錢攝取白麵包、高澱粉食物以及熟食。但當酵素貯存量隨著年歲遞減，雖然飲食習慣沒有改變，卻會產生便秘、血管疾病、出血性腫瘤、脹氣及痛風的疾病。對老年人而言，體內的酵素愈來愈少時，食物不但沒有完全消化，反而在消化道內異常發酵，產生毒素，再被血液吸收，貯存在關節及其他軟骨組織內。

而慢性病是指在人體內維持症狀數週、數月、甚至數年的病痛。慢性病常常是人體最大麻煩製造者，會不停地消耗酵素、維生素、礦物質等微量元素。慢性病人血液、尿液、糞便各組織裡的酵素量偏低，但急性病患或有時在慢性病初期，酵素含量很高，這顯示病患體內還存有酵素，組織尚未完全喪失酵素，因此酵素大量釋放出來抗病；但病況越惡化，酵素數量就越少。

藥補不如酵素補

通常年紀越大，患病的人以及運動量多的人酵素需求量越大，但這個問題因人而異，沒有一定的答案，但有幾個事實要特別注意：年齡越大，酵素庫存量越少。年輕人在體內的酵素比老人多出很多，因此，盡所能地維持補充體內酵素，便能延年益壽。

當罹患急性病和慢性病，酵素比健康時更快被用完，想盡速醫好疾病，食用補充酵素，一定有效。多補充酵素，對低血糖症、內分泌不足、過度肥胖、厭食症及容易緊張等症狀，都很有效。至於運動員可能也攝取了維生素、礦物質和濃縮食品，但如何讓人體吸收利用呢？答案是酵素。運動員應該注意酵素的補充，因為體溫上升或運動時，酵素用量比平常多，碳水化合物也燃燒得比較快，需要更多的養分補給。

吃得均衡，營養不一定均衡

酵素、碳水化合物、蛋白質、脂肪、維生素以及礦物質，都是人體維持正常運作的能量來源，當您工作時，人體快速用盡能量，並且亟需補充。人類雖然重視量和均衡營養，但只解決了一半的問題，一般人最在意的是，養分有否全部讓身體吸收並充分利用，「利用」是關鍵所在。因爲食物常缺乏酵素，而酵素對食物消化和養分的吸收都很重要，酵素廣布於血液、肌肉、組織及器官內，並與所有新陳代謝息息相關。

沒有酵素，人體無法運作；沒有酵素，人不能順利吸收營養並消化蛋白質，導致脹氣、疲累、僵硬、和動脈硬化；而未消化的脂肪會讓血液濃稠，無法完全利用氧及膽固醇。酵素不足的壞處說也說不完，但肯定是均衡營養中失落的一環。

我們所吃的食物中可能富含營養，卻少了人體運作所需的酵素，這也是維生素爲什麼被稱爲酵素輔助物的原因，因爲他們一定要和酵素結合，人體才可以運用。

咖啡、蛋白質補太多，易有反效果

如果咖啡、高蛋白飲食或其他的興奮劑進行著不正常新陳代謝時，新陳代謝率會增快，那麼酵素會被很快地用完，人類於是會有精力旺盛的錯覺；但後來的結果卻是造成能量降低，酵素消耗地更快，終至未老先衰。

而高蛋白質飲食令人亢奮，卻會對人體造成嚴重的傷害。人體內若是攝入過量的蛋白質，必須要藉由肝臟及腎臟內的酵素來分解；分解後產生的副產物是作用如利尿劑的尿素，尿素將刺激腎臟製造出更多的尿液；但此情況下人體中的礦物質很容易隨著尿液排出體外，而其中鈣的流失最嚴重。

每天攝取七十五公克的蛋白質，以及高達一．四公克的鈣，人體中就會有更多的鈣會被尿液排除，而不是被人體吸收，鈣質就流失。流失的鈣必須由骨骼裡的鈣質貯存庫來補充，久而久之便會引起骨質疏鬆症。

補充維生素，一定要加這一味

上述的現象都說明攝取了過量的蛋白質或食物，會導致酵素、維生素和礦物質的流失。人體內的酵素貯存量可以很快的被用盡，或是被貯存起來；而食用酵素補充劑並多吃生機飲食，都是增加酵素貯存量以及身體能量的方法。

當人體發燒時的尿液和運動流的汗裡含有各種酵素；同時在尿液、糞便、汗水及蛋白質、脂肪、碳水化合物、維生素和礦物質的廢物中，也都發現有酵素。

每天補充維生素和礦物質等養分，卻忽略了食用酵素補充劑或多吃生食。如果沒有補足充分酵素的數量，只想到維生素和礦物質，就會害了自己。人體自行從其他器官吸取酵素來替換，久而久之，就會導致酵素耗盡、早衰及能量不足。

維生素的吸收需要仰賴酵素，酵素也要仰賴維生素，臨床研究早已發現服用維生素加酵素的膠囊後，人體所需維生素及礦物質的量就減少了。

少了它，心血管有問題

心血管疾病已是全世界先進國家十大死亡原因之一。心血管疾病是屬於血管硬化或通道障礙的一種預兆。造成血管硬化的因素很多，其中一項原因是血液中的膽固醇和高血脂蛋白，由於酵素的缺乏而無法完全分解和吸收而沉澱於血管壁上，久之而造成血管硬化。血管硬化後，在血管末稍之微血管部分，容易造成血凝塊，這些血凝塊如果再度被擠出而堵塞在腦微血管時，便造成腦中風，如堵塞在心臟微血管部時便造成心肌梗塞而死，縱使能及時把生命搶救回來，也會變成植物人，是極為可怕的一種症狀。

若是平時就吃綜合酵素便能分解血液中高脂蛋白、血塊，降低血壓。

分解膽固醇，有害變無害

膽固醇過高易引起心血管疾病，而分解膽固醇並使之成為有用物質，先決的條件就是在血液中要有充足的酵素，將膽固醇分解成游離狀態，才能被吸收利用，否則膽固醇沉澱在血管壁造成血管硬化現象，一般人均將膽固醇視為無形的殺手，使人人視膽固醇而色變，甚至不敢吃含有膽固醇的食物，這種因噎廢食的做法實不對，為了去除這種恐懼，平時補充酵素是絕對必要的，因為酵素可以輕易地將大家認為有害物質變成有益人體的物質，常食用酵素的人，自己的性功能也明顯的提升，這就是酵素將血液中的膽固醇大量分離，轉化成人體激素的一個明證。

綜合天然植物酵素對防止心血管疾病的作用原理，主要是溶解血栓及動脈壁上的膽固醇斑塊；若配合其他降膽固醇藥物或保健食品，則更能降低膽固醇在血中含量。

酵素對改善循環系統障礙作用原理上有：消炎作用、抗血小板凝集作用、促進血栓溶解、溶解動脈管壁上膽固醇斑塊等。酵素抗發炎效應的結果也對動脈硬化、中風、老人痴呆症及巴金森氏症等均有改善作用。

老化與成人病，都是「酸」搗蛋

有些細胞內酵素要生成時，必須從外部施加某特定物質來增加酵素生產量，這種酵素稱爲「誘導性酵素（inducible enzyme）」，此現象稱爲酵素生合成的誘導（induction）。此種誘導現象早在十九世紀末發現，是細菌爲適應某環境而生產的酵素，又稱「適應性酵素（adaptive enzyme）」，俗稱的「代謝性酵素」

大部分屬於此類型。

此外，學者研究發現：隨著年齡增加，身體各處器官機能會隨之逐漸失去功能，基因生成酵素量與種類會減少，如：生成毛髮黑色素的酵素量減少的話，白頭髮就長出，這是老化的開始。另一種觀點是認爲：由於體內酵素的缺乏才使得老化現象產生。

酵素是否充足跟人體的健康息息相關，若是它的生成與合成被破壞，就會導致各種疾病的發生。

酵素被破壞，疾病跟著來

有一些酵素在生物細胞中是隨時存在的，只要基因功能、活性仍存在就有這類酵素，稱之爲「構成性酵素（constitutive enzyme）」，例如：掌管人體消化的所謂「消化性酵素」均是。正由於胺基酸在人體內合成是受基因控制的，因此當基因失去生成某一重要胺基酸而失去合成酵素功能時，就容易導致某些有些遺傳疾病的發生，如：蒙古痴呆、地中海型貧血等。

當體內酵素作用衰弱或減少，就會有各種症狀出現，要治療這些症狀，首先是要正常的飲食習慣，還有健康的生活空間。但目前人類生存環境，能否享受健康生活則大有問題，因爲空氣污染、水質污染、農藥污染、西藥、防腐劑等等，直接或間接的影響酵素的功能。其次是從體外直接輸入與體內相同的酵素。如果每個人攝取較多的「體外酵素」，人體內的酵素貯存量將不會快速用盡，體內的新陳代謝酵素將會比較平均分布於體內各處，這點非常重要。

生活中，破壞人體酵素合成與作用的原因如下：

・環境污染物

各種生活中的污染物，如：農藥、水質、藥物、空氣、噪音等，都會破壞酵素的合成與作用。

・高溫

酵素最怕高溫，如果溫度超過攝氏五十度以上，大部分的酵素就將被破壞，所以這些食物中已不含任何酵素。由於原本存在於食物內的酵素，有能力負擔高達百分之七十五的消化任務，所以食物中缺乏酵素，就容易使消化器官工作過度。這時，消化食物時所需的大量能量，便有賴於人體內其他器官的協助，許多人常在吃了一頓大餐後，便覺得想睡或有倦感，便是這種原因。

當人體優先將體內酵素用於消化器官時，會從免疫系統中奪取酵素，而忽略了維護健康的重要任務。

・飲食習慣

人體血液的酸鹼值是弱鹼性，若體液偏酸，則酵素合成與作用均受影響，也是老化的開始，這點是影響人體酵素缺乏最大原因。

酸性廢物導致十大疾病

1. 老化

從嬰兒斷奶起，老化就已開始了。

胎兒在母親肚子裡的時候，接受母親的營養而成長，這大部分的營養都是鹼性礦物，因此胎兒的身體呈鹼性。斷奶後嬰兒的身體急速酸性化，因爲，斷奶後所吃的食物（大部分是雜糧）是酸性的，這種現象隨著嬰兒的成長更趨嚴重。由於我們攝取的食物大部分是酸性的，因此，我們的身體也就累積更多的酸性廢物。雪上加霜的是，生活在被污染的水、空氣以及承受壓力的現代人的體內，產生比自然代謝更多的廢物，因而促使急速老化，承受各種成人病的折磨，但相對的，由於母親被胎兒吸收太多的鹼性礦物而使身體急速酸化。在生產過程中，產婦的身體急速衰弱。還有，妊娠反應較嚴重也是因爲鹼性礦物的缺乏。

2. 癌症

癌細胞不像一般細胞因酸性廢物累積而死亡，反而爲了在酸性環境裡生存而引起遺傳基因突變，並繼續蔓延而形成。

對於癌細胞的產生有兩種學說：一是德國生化學者沃比的「缺氧理論」，另一個是日本人愛哈氏的「酸性體質理論」。沃比博士的理論說：在健康的細胞裡除去氧氣，可使該細胞變成癌細胞，並且因爲以實驗證明了這一點而獲得諾貝爾獎。愛哈氏的學說提及：呈弱鹼性的健康細胞在累積酸性廢物的附近通常會死亡，但是如果有不惜轉變染色體而在酸性環境生存的細胞，就會是癌的開始。即使動手術割掉所有的癌細胞，癌會再度產生的原因就在於酸性環境依舊存在。不想死亡的細胞也依然存在，因此不想得癌症也難。

爲了防止癌症，一個是要改變染色體使得在酸性環境順利死亡，另一個是常吃鹼性食品以防酸性廢物的累積。

3. 糖尿病

酸性廢物累積在胰臟會引起糖尿病，因爲胰臟的機能下降難以產生必要的胰島素。糖尿病的根本原因是，酸性廢物累積在胰臟裡並阻止它的活動，無法充分發揮功能，不能產生適當的胰島素。平常男性在四十歲以後會產生糖尿症狀，而該男性在二十歲以前卻沒有糖尿病。四十歲的身體與二十歲的身體到底差異何在呢？如果年輕時就以鹼性食物不斷的清除廢物，糖尿病是可充分預防的疾病。

4. 高血壓

其他成人病也一樣，高血壓也是一個常見的疾病，它有兩個原因：一個是因物理性的原因造成毛細血管堵塞，動脈管內累積了廢物使得血管變窄而出現的症狀，爲了通過變窄了的血管供應必要的血液，血壓自然不得不高了；另一個是化學性的原因，由於血液裡的固態酸性廢物而缺氧，因此需要更多的血液。高血壓是因爲體內的酸性廢物隨著血管游走，堆積在管壁使得血管變窄，或堵塞毛細血管而產生，爲了要供應更多的血液，血壓自然升高。血壓不規律的患者就屬於這一類型。

5. 低血壓

低血壓是因爲心肌裡的鈣離子被酸性廢物奪走，使得心臟的活動受到障礙而產生的成人病。低血壓患者如果不間斷的吃鹼性食品，鹼性的鈣離子會直接被心臟使用，或者解放被體內的酸性鹽所奪走的鈣離子，使得因鈣離子的活動而恢復正常。

6. 腎臟病與腎結石

腎臟的作用是剔除血液裡的廢物。如果酸性廢物累積在腎臟使它的排尿功能下降，血液裡的大部分廢物就會游走；為了生存，細胞會繼續製造廢物並排出細胞外，再由血液帶走廢物，但是血液太過於酸性化，反而使細胞留住廢物，因而造成腎臟病的發生。

腎結石也是因爲腎臟裡的「固態酸性廢物」吸取血液裡的鈣或鎂，製造強酸鹽使堆積在一起而產生的。

7. 骨質疏鬆症與風濕

骨骼是磷與鈣的結合物，有了適當的磷與鈣，骨骼就會粗而健康。如果體內酸性過多而危險時，就會從骨骼裡一點一點取出鈣。即使在健康的骨骼中取出百分之三十～四十的鈣，照射X光線也不會顯現出來。隨著年齡的增長，變矮、彎腰的原因就是因爲骨骼缺鈣，根本原因則是因爲要調整體內的酸性化，而從骨骼裡取出鈣。

還有，因酸或廢物堆積在關節附近而引起劇痛的風濕，這種疾病是關節處紅腫並劇痛的病。如果吃了鹼性食品，即使風濕也不會那麼劇痛，不久後則不會再發。風濕患者不吃藥吃鹼性食品而能使疼痛百分之百消除，是因爲把鹼性食品優先供給而產生的現象。

8. 慢性便秘

有很多人因吃鹼性食品而解除了便秘。爲了探究這到底是心理現象還是化學或者醫學事實，韓國國立首爾大學醫學系內科教授崔圭完博士於一九八九年九月二十一日，在水與健康、疾病講演會裡發表了實驗結果：對患有便秘一年以上的患者十五人（男性十人，女性五人）進行臨床試驗，結果定期吃鹼性食品的患者十二人（男性八人，女性四人）在一到二週內一天只有一次便痛而已。

崔博士下結論說：便秘患者吃鹼性食品的前後有明顯差異，並且所有人的症狀多得到了緩解，患者的自覺症狀也有明顯的好轉。大腸爲了順利通便，要在大腸壁分泌潤滑劑，因大腸多酸性，使得血液循環不順的話，會因潤滑劑的分泌不夠而造成便秘。

9. 壓力與頭痛

當我們受到壓力，體內的酸性會增多。壓力有因肉體運動而起的物理壓力與精神疲勞而起的化學壓力。物理壓力可透過充分的休息而解除，但是，精神壓力沒有休息。事實上，繼續施加的壓力對我們的身體更加危險。上班族的過勞死，四十歲左右壯年人的猝死，準備考試的學生所患的頭痛等，都可以在持續不斷的壓力找到答案。

10. 宿醉

宿醉是指喝酒後，酒精（強酸性）在肝臟裡沒有被分解，而游走在血液裡，引起口渴與頭痛的現象。這時，喝下裡面溶有充分鹼的鹼性水，不但可以中和血液的酸性，並可以使肝臟的活動活潑起來，喝醉酒後的第二天早上頭腦清醒並且胃也舒服。這是因為鹼性食品可解除酒精，並把因喝酒而酸性化的體質轉化為鹼性。

因此，現代人最大的敵人——成人病的原因就是酸性廢物的累積。

老化與成人病的自然法則

(1)我們吃下的食物在細胞內燃燒後，剩下的渣滓變成酸性廢物。

(2)這個酸性廢物沒有被排出體外，在血液裡游走並固體化，再逐漸累積在人體的各個地方。這就是我們人類之所以老化的原因。這個固態化酸性廢物堆積的附近，血液循環不順暢，體內的各器官不能得到足夠的血液與氧而喪失功能，這就是成人病的開始。

(3)鹼性體質：保持生命力的秘密。有七十億人口生活在這個地球上。每天有無數的人向這個世界報到，也有無數的人因病因老而向這個世界告別。到底什麼是「老」呢？有沒有方法使人健康長壽呢？現代科學爲了揭開這個秘密不知已努力了多少年。現在已初步接近了它的答案，這是其中之一。

你可能不知道……

人類由於飲食文化的關係，食物大多經過蒸煮，存在於天然植物、動物中的酵素由於加熱受破壞，所以現代人攝取來自大自然的酵素機會就不大。

日本人喜好吃生魚片，愛斯基摩人也是生吃魚肉，據推測：經常補充生魚肉中的酵素可能是日本人長壽原因之一。野生動物在大自然環境中生存，都是食用生的動植物，因此經常由天然植物、動物中獲取酵素，比較不易生病。

所以回歸自然飲食的生機養生法強調吃生鮮蔬果，喝天然果菜汁原因即在此。

怕變老？吃對食物免煩惱！

現代科學找到的老化原因意料之外的簡單，答案就在我們平常吃的飲食裡。能把酸性廢物中和並排出體外的鹼性食品，才是可以延緩老化與疾病的唯一答案。因鹼性物質清除酸性廢物而可以治療或防止的成人病，包括：癌、高血壓、低血壓、糖尿病、腎臟病等主要疾病，也在骨質疏鬆症、風濕、慢性瀉肚、便秘、肥胖、頭痛、妊娠反應、皮膚病、過敏、百日咳等酸性廢物引起的大部分成人病發揮優異的效果。

健康的細胞是鹼性的，癌細胞是酸性的。藉著恢復身體的均衡防止成人病；在鹼性體質裡，我們可以見到現代醫學所發現的長壽秘訣與生命的奧秘。

食物酸鹼檢測，跟口感沒關係

食物的酸鹼，並不是口感，而是食物經過消化吸收之後在體內吸收代謝後的結果。如果食物代謝後所產生的磷酸根、硫酸根、氯離子等離子比較多，就容易在體內形成酸，而產生酸性反應。如果產生的鈉離子、鉀離子、鎂離子、鈣離子較多，就容易在體內產生較多的鹼，形成鹼性反應。這和食物中的礦物質含量有關。一般來說，含有硫、磷等礦物質較多的食物，是酸性食物；而含鉀、鈣、鎂等礦物質較多的食物，爲鹼性食物。

我們的胃爲了消化食物以及殺掉隨食物進來的病菌，一直保持在pH4以下的酸性。平常我們一天三餐，胃裡的酸度會上升到pH4以上，如果我們吃了鹼性食品，就使胃裡的pH值高於4，也就是說使得鹼性化。

鹼性食品及水的奧秘就藏在這個過程裡，爲了使胃分泌鹽酸，要從恆存於體內的水、鹽及碳酸等三種分子中，把氫與鹽酸結合，產生HCl（鹽酸），再從胃壁分泌出來，降低pH濃度到4以下。就在這時，其餘的分子結合而產生強鹼性質（重碳酸鈉），這重碳酸納被送到血液裡使血液鹼性化，我們的身體自然就鹼性化了。

所以鹼性食品不像一般藥物直接被胃或腸吸收，而是透過間接作用使得血液裡的鹼性成分自然提高，因此對身體不構成任何害處，尤其是對有較重妊娠反應的孕婦效果顯著。

你可能不知道……

鹼性的水是什麼呢？就是指氧比氫多的水。因此喝鹼性水就是吸取比一般水更多的氧。鹼性水被吸收到體內後，可中和累積在體內的酸性廢物。這樣可使廢物中和而易溶於血液，然後通過小便或汗自然排出到體外。為此，鹼性水被認為是優異的成人病治療劑。成人病就是因為沒有被排出體外的酸性廢物累積在器官殺掉細胞而形成的。

實際上，美國治療癌症的專門醫院，透過使病人一天喝掉七杯生水而獲得了相當好的治療效果。生水裡所含的氫離子的濃度，pH 7.5的弱鹼性中和了癌細胞（酸性廢物塊）而提高了治療效果。

食物酸鹼一覽表

簡單來說，鹼性食物有蔬菜、水果、天然調味料；酸性食物為澱粉、魚、肉、蛋、奶、酒、外食、加工食用油、人工調味料；中性食物為豆類、堅果類。

所以動物性食品中，除牛奶外，多半是酸性食品；植物性食品中，除五穀、雜糧、豆類外，多半為鹼性食品；而鹽、油、糖、咖啡、茶等，都是中性食品。但也有少數例外，例如：李子照理說應該是鹼性食品，但所含的有機酸人體不能代謝，因此會留在體內呈現酸性反應。橘子或檸檬則不同，它們含的有機酸人體可以新陳代謝，是鹼性食品。

我們不常吃的食物，百分之九十九是由碳、氮、氫、氧構成的，其餘的百分之一是無機礦物，無機礦物又分為：鹼性礦物與酸性礦物。鹼性礦物消化後產生鹼性廢物。含較多鹼性礦物的食物有海帶、生薑、芸豆、菠菜、香蕉、香菇等。

強鹼食物：

◇水果—檸檬、梅子

◇蔬菜——海帶、紫菜、蒟蒻、洋蔥、芫荽、生波菜、生花椰菜、生大蒜、生青椒、地瓜葉、空心菜、茼蒿、龍鬚菜、油菜等

◇飲料——無糖花茶、無糖薑茶、現榨蔬果汁

◇菜餚——生菜莎拉、涼拌莎拉、泡菜、新鮮蔬果精力湯、新鮮小麥苗汁

中鹼食物：

◇水果——柳丁、木瓜、無花果、葡萄、奇異果、芭樂、西瓜、藍莓、蘋果、生橄欖、水梨、無糖葡萄乾、無糖蔓越莓乾

◇蔬菜——香菇、秋葵、黃瓜、芹菜、紫蘇、芥藍菜、生菜（萵苣）、苦瓜、大白菜、高麗菜

◇根莖類——甜菜、老薑、紅蘿蔔、牛蒡

◇豆類——綠豆芽、黃豆芽、苜蓿芽、荷蘭豆、豆腐、豆乾、豆花、味噌

◇調味料——老薑、黑胡椒、白胡椒、大蒜、青蔥、咖哩、迷迭香、小回香、八角、九層塔、百里香、味噌、純釀水果醋、純釀四物醋

◇乳製品——母乳

◇飲料——綠茶、礦泉水、水果醋、陳年醋、現榨水果汁

◇菜餚——燙青菜、青菜豆腐湯

◇甜味劑——甜菊、異麥芽寡糖、果寡糖、木糖醇、赤藻糖醇

弱鹼食物：

◇水果——橘子、香蕉、草莓、櫻桃、鳳梨、芒果、水蜜桃、哈密瓜、酪梨、蘋果泥、龍眼乾

◇蔬菜——番茄、蘆筍、玉米、香菇、金針菇、杏鮑菇、黑木耳、白木耳、茄子、辣椒、南瓜、小黃瓜、絲瓜

◇根莖類——白蘿蔔、番薯、竹筍、蓮藕、芋頭、山藥、馬鈴薯皮

◇豆類——四季豆、豌豆、橄欖、黃豆、毛豆、紅豆、綠豆、小扁豆

◇堅果類——栗子、杏仁、松子、黑芝麻、白芝麻、南瓜子、葵瓜子

◇調味料——芝麻醬、純釀醬油、釀造醋、天然鹽（岩鹽、海鹽、湖鹽）

◇油——冷壓苦茶油、冷壓橄欖油、冷壓亞麻籽油、冷壓椰子油、冷壓芝麻油、冷壓花生油

◇穀類——莧菜籽、小米、野米、發芽米

◇蛋——皮蛋

◇乳製品——乳清、生羊奶

◇飲料——含糖薑茶、無糖黑咖啡、無糖豆漿、新鮮蕃茄汁

◇酒——酒釀、啤酒酵母

◇菜餚——炒青菜、滷青菜

◇甜味劑——粗蜂蜜、糖蜜、楓糖

弱酸食物：

◇水果——李子、零售果汁

◇根莖類——未去皮馬鈴薯

◇豆類——蠶豆、黑豆、雞豆（雪蓮子）、眉豆

◇堅果類——美洲胡桃、腰果、花生、核桃

◇調味料——純釀醬油膏、柴魚粉、沙茶醬、蠔油、精鹽

◇油——一般苦茶油、一般橄欖油、一般芝麻油、一般花生油、未精製玉

米油、未精製大豆油、橄欖渣油、深海魚油、海豹油

◇穀類——發芽小麥、糙米、胚芽米

◇肉類——野生動物肉、野生魚類、海參、蛤

◇蛋——蛋白、水煮蛋、蛋花湯、蒸蛋、鹹鴨蛋、魚卵

◇乳製品——優格、生牛乳、高溫殺菌羊奶

◇飲料——紅茶、含糖蘋果汁、含糖豆漿、番茄汁罐頭

◇酒——紅葡萄酒

◇甜味劑——精製蜂蜜、黑糖

中酸食物：

◇根莖類——去皮馬鈴薯

◇調味料——人工醬油、人工醋

◇油——精製沙拉油、精製椰子油、奶油、豬油、牛油

◇穀類——十穀米、玉米、蕎麥、燕麥、黑麥、高粱

◇肉類——火雞、雞肉、羊肉、蝦、蟹、豬肝、牛肝、養殖魚類

◇蛋——炒蛋、蛋黃
◇乳製品——奶油、高溫殺菌牛奶
◇飲料——調味咖啡、奶茶
◇酒——黑啤酒、白葡萄酒
◇零食——無糖巧克力、鳳梨酥、布丁、果凍
◇澱粉類加工食物——全麥麵包、雜糧麵包、蕎麥麵、水果蛋糕、炸臭豆腐、油豆腐、燒餅、素雞、涼麵、米苔目、冬粉、芝麻湯圓、御飯團
◇其他外食——炸醬麵、蚵仔麵線、當歸羊肉湯、藥燉排骨、麻油雞、薑母鴨、八寶粥、豬血糕、大滷麵、什錦麵
◇甜味劑——白糖、冰糖

強酸食物：

◇調味料——味精、高鮮味精
◇油——氫化植物油（人造奶油、植物酥油、氫化棕櫚油）、一切氧化油
◇穀類——白米、小麥、白麵粉

◇肉類——牛肉、豬肉、貝類、魷魚、牡蠣、小魚乾、培根、火腿、香腸、漢堡、肉鬆、肉類罐頭

◇蛋——煎蛋

◇乳製品——乳酪、冰淇淋、起士蛋糕、煉奶

◇飲料——汽水、可樂

◇酒——生啤酒、琴酒、伏特加酒、高粱酒、米酒、紹興酒

◇零食——含糖巧克力、糖果

◇澱粉類加工食物——白麵包、白饅頭、白麵條、雞蛋麵、麵線、米粉、甜甜圈、金牛角麵包、可樂餅、蛋糕、泡芙、油條、洋芋片、薯條、炸春捲、餅乾、速食麵、鹹湯圓、麵筋、蘿蔔糕、糯米腸

◇其他外食——胡椒餅、牛肉餡餅、豬腳麵線、鹽酥雞、牛肉麵、炸排骨便當、炸雞腿便當、燒鴨飯、豬肉漢堡、牛肉漢堡、熱狗、炸雞塊、炸蝦、炸甜不辣、油雞、醉雞、羊肉爐、烤鴨、宮保雞丁、鴨肉米粉、油飯、肉粽、沙琪瑪、肉羹麵

◇甜味劑——阿斯巴甜、糖精

PART 4

分子矯正醫學，讓病人變鐵人

什麼是分子矯正醫學？
就是利用細胞正常代謝必需物質的營養素補充與調整，
以及氧在人體內濃度的變動，
維持體內均衡並穩定意識，
藉此提高人體自癒力，
預防並治癒疾病。

治病想除根，就得先尋因

細菌可以用抗生素藥劑來消滅。但是，現代文明病並不源於細菌。若想治療現代病，就必須觀察整個身、心。這需要細胞分子水準的代謝機能的研究，因此應該研究如何充分供給細胞進行代謝行動所需的營養素及氧。

四十六種營養素，少一個等於零

爲了維持我們的生命，人體需要許多營養素。其中，有很多是在體內合成；另外，有四十六種必需營養素無法在體內合成，必須每天從飲食中攝取：

- 蛋白質（胺基酸）八種
- 維生素類十八種
- 礦物質類二十種

這四十六種必需營養素彼此都有關連。例如：若沒有鋅、銅及鎂，就不能達成生理機能；鋅必須有錳才能發生作用，錳必須有鉻才能作用，因爲這些微量元素均與人體內酵素反應有關，必需營養素都彼此有相互關連、環環相扣。因此，即使只缺少其中任一種，就會影響下面一個營養素起伏依次減低機能。也就是說，缺少任一種，其他營養素都會變成無用。

有氧抗癌就靠有機「鍺」

但是，鍺是例外，它不列此四十六種之中。雖然鍺也與這些營養素有關連，但那是屬於「從屬」的關係，鍺是對氧發生作用的營養素，與消化、吸收、代謝沒有直接的關係，是透過氧與那些營養素有關係。換言之，與四十六種必需營養素媲美的鍺＝氧。如果這樣想，必能了解鍺所扮演的角色是如何的重要。

鍺（Germanium）是一種稀有元素，原子序爲32，在一八八五年德國科學家韋因克拉（Cleners Alexamder Winker）爲亞治路得礦做化學分析所發現的物質，所以英文名稱即爲德國。

鍺，乃屬於兩性半導體，它會捕捉不正常多餘的電子，也就是我們常說的「自由基」，使這些不正常多餘的電子不至於破壞身體正常的細胞，以維持細胞正常功能。故「有機鍺」能增強帶氧功能，減少癌症的發生（無機鍺會使人中毒）。

世界知名的癌症研究專家，德國的椅爾瓦爾克博士曾發表論文斷言：「癌細胞的發生原因是氧所引起。」加拿大蒙特里奧大學部西里衛教授的研究報告亦指出：「把流入人體血管稍加綁緊縮小，使血液流量減少時，該器官就會引起病變。」而所謂減少血液流量主要是：減少輸送氧氣的血色素，導致缺氧的現象。因此，人體內部若不缺氧就可避免許多病變發生。所以在分子矯正醫學療法中，「鍺」是最重要的元素。而有機鍺「能補充氧氣或代替氧氣並強化體內酵素反應」的作用，對於排除體內有毒物質有極大的助益。

日本東北大學抗酸菌研究所癌症權威佐藤春郎博士指出：「血管中的癌細胞隨著血流移動。」因癌細胞會附著在血管壁上加以侵蝕破壞後，衝出血管壁繁殖。而「鍺」能使血流暢通，然後藉強烈的氧化作用消除癌細胞液黏度，使癌細胞不能附著於血管壁上。

現代疾病的共同病因

被稱爲現代病（慢性病）的高血壓、糖尿病、心臟病、癌等，其致病原因都相同，它們都是長期酵素、氧及營養素不足所引起的。

然而過去的醫學認爲「症狀即疾病」，而只致力於治療症狀。但是，症狀只是結果，只追求結果，卻永遠不知道原因，等於倒因爲果，是絕對無法得到正確治療的。

高血壓不是病，是警訊

高血壓與糖尿病不同，它會直接誘發立即致命的疾病。我們應把高血壓視爲內臟器官陷於危險狀態的信號。我們常聽到「因高血壓而變成動脈硬化」之類的對話，且在醫學書上也如此記載，但這正好相反，應該解釋爲動脈硬化進展後才出現高血壓的症狀。

如果身體的此種機能未能正常運作，發生異常而未發覺，其後果難以預料。由於獲得這寶貴的信號，才發覺身體的毛病，能夠及早得到治療。因此，問題不在於高血壓，在於如何找出並去除引起高血壓的眞正原因。

醫師給予降血壓藥劑，血壓的確會降低，但是並未去除高血壓的原因。這等於把警告信號暫時消除了。如果停止服用降血壓藥劑，則血壓立即又上升。因爲身體的功能正直且正確，若沒有了抑制信號的藥，立即又開始發出危險信號。這表示降壓劑並沒有去除高血壓的根本原因。爲了降低血壓（事實上是停止信號）而不得不繼續吃藥。此種對症療法引起兩個嚴重的問題——首先是藥的副作用。顯然的會危害肝臟、腎臟、胃。還包括傷害中樞神經，使人失去性交能力，變成廢人一樣，甚至於引起癌症。

另一個問題是一種間接的副作用。即是，在停止危險信號期間，引起高血壓的原因日益惡化。事實上服用了降血壓劑後以爲血壓降低（這是暫時的）而忽略了眞正的原因，使病因反而繼續惡化。這才是眞正的悲劇。任何代謝異常的身體若進一步惡化，這可說是比藥物直接的副作用更可怕。身體發揮正常的機能，好不容易發出了「高血壓」這項危險信號，卻被認爲「信號不好」而有意抹殺之。

五大病因，讓血壓飆高了

高血壓可以分類爲「症候性高血壓」與「本態性高血壓」。其中「症候性高血壓」是其他原因——腎臟或副腎的疾病或特殊的血管疾病引起的。症候性高血壓也叫做二次性高血壓，是原因清楚的高血壓。

我們應該重視的高血壓，是「本態性高血壓」。現代醫學對於其原因尚未完全了解。既然原因不明，當然就無從治療。高血壓本身不會使人死亡；高血壓不屬於死因，正確的說是一種症狀（狀態）——「高血壓症」。但是，高血壓若放任不理即會引起各種疾病。例如：因腦中風或心肌梗塞而死亡的例子很多。

引起高血壓的原因，可以粗略分爲五種：

1. 血管壁減弱。
2. 高血脂肪及膽固醇積存血管內部。
3. 體內缺乏酵素來分解膽固醇。
4. 血液的品質不良，尤其黏稠度增高時。
5. 鉀、鈉失去平衡。

第一種情形通常叫做「動脈硬化」。若造成血管的細胞石灰化，則血管壁會變硬；主要是起因於鈣不足。

大動脈在身體的深處，故若硬化也不會馬上知道；但對於中等的動脈「上腕動脈」或「外頸動脈」則可直接知道硬化的狀態。

上腕動脈在上腕內側，外頸動脈在喉嚨的外側，可以從皮膚上面直接摸到。若用手指壓此動脈即知脈博。若此動脈部分發生硬化，則血管骨節凸起似硬的感覺，有時變成起伏的狀態，在硬化進展時只要目測即知脈博在跳動。若到了此種狀態，即應該認爲動脈硬化已到了相當的程度。當某天壓力超過了極限度時，血管會突然破裂而出血。不過，血管破裂不是指大動脈或中動脈破裂而大量出血。萬一有了此種情形就會立即死亡。

一般而言，破裂的是毛細動脈血管。毛細血管的粗度爲毛髮的十分之一左右，也有細至一個紅血球好不容易才能通過的大小。只要在腦中斷了這樣細的血管就會致命，故不能不說是非常可怕的事。

大腦支配各種運動的領域是一定，若此領域的某部分毛細血管斷了，那麼手或臉部會麻痺。如果稍粗的毛細血管斷了，即會喪命。若毛細血管斷了，則血液無法輸送至被切斷部分的前分，氧及營養素不能到達靠向管生存的細胞，那些細胞則會因缺氧及營養素而導致壞死。流出的血液凝固或進入其他組織內壓迫，所在該部分也引起障礙。只要頭髮十分之一粗的，以肉眼都看不見的血管斷了，則不管左右國家大政的領袖或世界上著名的學者，或經濟界的首腦或平凡市民，都會變成與廢人一樣。

你可能不知道……

我們的人生，是被粗度僅〇．〇一厘米的血管所支配著。

一個人的毛細血管約有五十億支，若把它連接起來則全長等於十萬公里～十六萬公里。毛細血管遍佈於身體中各部分，多至在注射時針刺皮膚即會斷掉四百～五百支毛細血管。我們必須使如此長而複雜的毛細向管經常保持正常運作，可知平時的健康管理（充分供給營養素）是何等的重要。在此應該注意一點，腦的毛細血管斷了（腦中風）原因在於鈣的不足。鈣的不足會引起動脈硬化。平常多補充酵素有助於減緩動脈硬化現象，促進新陳代謝。

能量失調，低血糖跟著你

當人體內缺乏酵素、氧和糖分時，會導致低血糖症；不過，糖是人體主要的燃料，但目前卻有許多人罹患低血糖症。由於低血糖症源於人體的能量供給失調，低血糖會使所有器官都深受影響，新陳代謝率降低，引發疲倦感及身心官能症。大腦只能靠葡萄糖和氧供給養分，血糖一旦降低，自然導致心神疲憊及沮喪等症狀。

血糖的高低由內分泌腺中的腦垂體腺、腎上線、甲狀腺和胰臟所控制，胰臟會分泌胰島素，讓血糖降低，因爲胰島素會促進葡萄糖（血糖）離開血液，進入細胞，也會刺激肝和肌肉細胞將葡萄糖轉變成碳水化合物的糖原，貯存在人體內。而腎上腺分泌的腎上腺素，會將糖原分解成葡萄糖，然後進入血液，讓血糖上升。甲狀腺所分泌的荷爾蒙，則主控了人體使用氧氣的速度，也加快了碳水化合物釋出能量的速率。

所有的腺體都由腦垂體控制，也就是大腦的下丘體所控制，下丘體經由神經系統接收體內的全部迅息，包括人的精神狀態、餓感、體溫和血液養分聚集等。

當人體血液中澱粉酶不夠時，血糖會上升，而食用澱粉酶後，血糖值又會恢復正常。許多糖尿病患者澱粉酶明顯不足，在服用澱粉酶後，有一半病患不必再用胰島素控制血糖。經過烹煮而喪失澱粉酶和其他酵素的食物，對血糖有極大的影響。以五十公克的生澱粉給病人吃，半小時後，每一毫升血液中，血糖平均上升一毫克；一小時後，血糖降低一．二毫克；兩小時後，血糖值下降達三毫克。如果病人吃的是五十公克的熟澱粉，半小時後，血糖平均上升五十六毫克；一小時後，下降五十一毫克；兩小時後，降低十一毫克。

內分泌失調，毛病多又多

內分泌腺需要微量元素及維生素來維持正常的運作，例如：甲狀腺需要碘，腎上腺需要維生素C。過度烹煮的食物不僅缺少酵素，也流失養分，人因此容易生病。

人的腺體是靠大腦的刺激而分泌荷爾蒙，當血糖太低，胰臟和腎上腺會立即分泌荷爾蒙；當血液中的養分不夠供給內分泌腺時，下視丘便會刺激食欲，產生飢餓感。所吃的熟食越多，荷爾蒙所受的刺激越多，導致人暴飲暴食，進而過度肥胖，接著而來的還有心臟性疾病、高血壓等諸多病痛，而血糖的快速升降，也會讓情緒起伏變大，並且心神失衡。內分泌腺過度分泌的結果，無法再供給人體正常新陳代謝，人的身體與心智都會嚴重障礙。

人體所吃下去的熟食，都要由酵素來消化，消化完後的廢物和毒物，則由免疫系統的酵素來分解。人體如此耗用組織內的酵素，久而久之便會減少酵素的存量。

而未完全消化的食物會產生毒性反應，血管會吸收未消化的蛋白質、脂肪和澱粉分子；而且當血液酵素低於正常值時，就會導致過敏；但服用了澱粉酶、蛋白酶及脂肪酶後，酵素即恢復正常，過敏症狀也得以改善。

由組織排出的毒物會進入血管，毒物會促使內分泌腺分泌荷爾蒙，進而刺激排毒的器官，惡性循環之下，內分泌腺超負荷，而酵素不僅可以維持健康，還可以排毒。所以，在治療及保健方面，酵素既可支持人體各個系統，又可增強人體健康。

當然，排毒的方法有很多種，排毒用保健食品種類也不少，但食用綜合酵素來排毒則是一項較爲治本的好方法。

酵素療法，溫和又徹底

酵素對人體特殊效果，從惡性腫瘍到面皰、雀斑等都可治療，其治療範圍實在很廣。而且，酵素比一般藥品效果來得好，藥效溫和，但疼痛不會立刻消退。爲了彌補這點，可先用一般藥品來止痛，然後再以酵素來作徹底治療；與現代醫學互補的治療方式，是好方法。

酵素用在人體，並沒有針對任一臟器爲目標，是全方位治療的，如西藥的心臟病、肝病藥物均有固定目標臟器，而酵素卻沒有。酵素與一般藥品也有很大不同。

不過，酵素治療需要花長時間是其特徵，不可能花一小時、半天就痊癒。即使像面皰、雀斑也都得連續服用一個月左右，如中途停止服用，就日後效果如何就不知了，不論重病或雀斑、面皰等，治病原則都一樣。原因是酵素不著重局部，而是強調身體各部位徹底地治療。

酵素不是藥品而是食品，薏仁、蘆薈、蒜、香蕈等被稱作健康食品一樣。但與這些保健食品還是有不同處：

1. 綜合酵素是由數千種的酵素所組成，其中具有上述各食品所含的成分。

2. 酵素會在胃部產生消化分解作用，所以被小腸吸收後能供給各組織器官充分營養以達療效。就療效速度而言，比服用一般藥品要快二十～六十分鐘，比注射的方式大概只慢個三或五分鐘。一般健康食品在體內的吸收過程是先在胃裡消化分解，到腸再繼續分解，最後特效成分才被吸收，速度與普通食品一樣要花一～二小時左右。

酵素不會給胃增加負擔，當胃發生病變時，不會給胃添增不必要的麻煩。另外由於所含糖質可直接轉化爲能源而加以利用，對細胞及腦部運作有很大的幫助。

預防保健，酵素養生法很輕鬆

酵素是平常養生相當良好的產品，當人常覺得容易疲倦、脾氣暴躁、容易感冒、易發胖、臉上太早出現皺紋等現象，表示體內嚴重缺乏酵素。

人體酵素來源有：

1. 從胰臟，因為它是一座生化工廠，每天製造含有大量酵素之液體。
2. 從日常食物中獲取，如蔬菜、水果等，包括蘋果、木瓜、鳳梨、桑果、蘿蔔等，當然肉類、魚和牛乳亦含有酵素，但經過攝氏五十度以上的高溫，酵素即消失。
3. 從酵素產品中吸取。

酵素可說是現代人養生之寶。

1. 最佳體內清道夫，廢物不屯積

人體中常攝入不利健康的物質，三大營養素若不當攝取（如：品質低或量過多）便會累積在體內，若是排便不正常或是有經常性便秘的話，則形成宿便，易引發多種疾病。

例如：蛋白質是健康不可或缺的，卻也足以摧毀健康。適量蛋白質能夠讓細胞運作順利，但是，若毫無節制攝取蛋白質，反而會破壞細胞，造成疾病。

過量膳食蛋白質進入人體，必須經過分解。蛋白質在胃腸局部被分解爲分子較小的「多胜」及「蛋白腖」。大部分蛋白質分解在小腸進行，胰臟酵素進一步將蛋白質消化成「胜肽」及「胺基酸」。儘管蛋白質能夠產生能量，但爲了消化蛋白質，身體卻必須耗費更多能量，還得處理蛋白質所遺留的酸性灰分。換句話說，蛋白質是一種負能量源，所製造能量比消耗的更少。而這類體內多餘廢物與宿便要排出體外，唯有靠「酵素」分解成更小分子而排出，有便秘習慣或排便不順的人，只能藉由外界補充「酵素」才能清除體內廢物」；因此，酵素可說是人體內最佳的清道夫。

2. 消炎清膿，比抗生素更管用

發炎是指細胞某部位受破壞損傷，病菌就開始繁殖生長。基本上，發炎仍要靠病人本身的抵抗力才能眞正治癒，但由於酵素能誘發、強化白血球的抗菌功能，並清除入侵的病菌與化膿物，所以對發炎部位有著相當大的利益。即使常被稱爲特效藥的抗生素雖能殺死病菌，但卻無法使細胞再生。

酵素對許多發炎性疾病均有良好效果，如：胃潰瘍、十二指腸潰瘍、大腸潰瘍等。胃潰瘍病因很多，有些是胃部受傷引起發炎，另有幽門氏桿菌引起等。外科治療法，只要切除患處就完成工作。內科治療先用鎮痛劑止痛，再緩和胃的酸度。胃液中分解蛋白質的酵素，在酸度強的情況下，能有效分解蛋白質。用制酸劑可使發炎不再蔓延，增強免疫力，以身體自然治癒，這就是「內科治療法」。不過這樣很難治好病，並且是消極的方法。酵素療法比內科療法更爲積極。酵素對發炎的細胞，會發揮強大的抗炎效果，接著逐漸分解發炎所產生的物質，再分解病菌發炎所形成的廢物。

酵素對發炎的直接作用很強，也有間接作用。酵素有促使細胞賦活的作用及解毒作用，淨化血液有助於搬運細胞新生所需的營養素，排出化成廢物的病毒，這些綜合作用將可根治疾病。

你可能不知道……

酵素產品含有多量的細胞代謝時所需糖質，當酵素被分解後，就變成易於燃燒的單糖（葡萄糖及果糖），進入體內，除了協助消化器官外，還是體內代謝的動力。這和吃東西的情形大不相同，酵素既不會有害傷口，也不會帶給胃過多的負擔，相反地卻能使患病部位獲得充分休息。

但要多種酵素才能在體內一起發生作用，只有少數的酵素，功能受到限制，效果也不大。綜合酵素對消炎作用有效，主要理由在於：直接與間接作用去除「自由基」作用，以及去除T細胞上的附屬分子CD44等。

3. 殺菌治痔，細胞增生免煩惱

人體以白血球殺菌之同時，酵素本身也有殺菌作用，會把病菌殺死。另一方面，能促使細胞增生，達根本治療之目標。由於病原菌，如：細菌、病毒或黴菌等細胞組成分主要是蛋白質及糖類等，在綜合各不同功能酵素聯合作用下，通常可達抗茵，甚至殺滅病菌的目的。

此外，痔瘡包括裂肛、痔核、脫肛、痔瘻等，都會引起發炎。其中痔瘻爲膿流出腸管，其他的症狀是血液凝固、血管腫大、斷裂。酵素的功能有淨化血液、分解病毒、抗菌、抗炎、活化細胞等綜合效果。酵素抑制發炎，順便排出病毒，對抗結核病菌，使血液純淨，細胞新生。所以食用酵素對痔瘡有效。

4. 分解廢物，新陳代謝可除「酸」

酵素可以幫助人體組織細胞分解、代謝、排除患處或局部組織器官所殘留的二氧化碳、外來異物、細菌、病毒、以及人體代謝廢物等，使身體回復正常狀態。

酵素能促進食物的消化、吸收也是分解作用之一。另一方面尿酸的產生，是蛋白質成分的胺基酸在缺氧下未經氧化所形成，尿酸過高會造成關節疼痛，甚至痛風，禁食高普林（核酸）的食物（如豆類、肉類等製品）並非是減少尿酸的唯一方法，體內若有充足的酵素，即可加強「氧」與「二氧化碳」的新陳代謝，尿酸就可以減少形成。

人體內乳酸堆積過多時，會造成身體疲倦、肌肉酸痛；氨濃度太高，會引起精神疲勞、打哈欠、甚至造成心煩焦慮。乳酸因體內葡萄糖在缺氧下未能完全氧化而產生「酸性代謝物」，氨氣因大腸蠕動減慢，造成便秘或排便困難，以致糞便中的蛋白質被細菌分解。人體內若有充足的酵素，調整血液組織酸鹼平衡，及促進大腸蠕動幫助排便，排除毒素，乳酸及氨量就會減少。

5. 淨化血液，解毒也排毒

酵素能分解並排除血液中因不當飲食、環境污染、公害、藥害等所產生的毒素及有害膽固醇、血脂、暢通血管，恢復血管彈性並促進血液循環。

酵素也可將血液裡的新陳代謝廢物排出體外，或分解排泄發炎所造成的病毒等作用。除了具有對酸性血液分解其中的膽固醇以維持弱鹼性外，並能促進血液循環。

酵素輔助體內所有的功能。在水解（hydrolysis）反應中，消化酵素分解食物顆粒，以貯存於肝或肌肉中，此貯存的能量稍後會在必要時，由其他酵素轉化給身體使用。酵素也利用攝取進來的食物以建造新的肌肉組織、神經細胞、骨骼、皮膚或腺體組織。例如，有一種酵素能轉化飲食中的磷爲骨骼。這些重要的營養素也協助結腸、腎、肺、皮膚等排出毒素。例如，有一種酵素催化尿素的形成，此氨化物經由尿液排出，另一種酵素使二氧化碳由肺部排出。

除此，酵素還分解有毒的過氧化氫（hydrogen peroxide），並將健康的氧氣從中釋放出來。由於酵素的作用，使鐵質集中於血液，酵素也幫助血液凝固，以停止流血。酵素也促進氧化作用，此過程中氧會被結合到其它物質上。氧化作用會製造能量。酵素也將有毒廢物轉變成容易排出體外的形式以保護血液。

6. 細胞新生，皮膚保年輕

酵素能促進正常細胞增生及受損細胞再生，使細胞恢復健康、肌膚富有彈性。

青春痘是人體賀爾蒙分泌旺盛的一種正常現象，但是若處理毛囊內的分泌物時受到細菌感染，使毛囊發炎而變成「爛痘」，便成了病症，要是再處理不當，使每個毛細孔發炎，那就要滿臉「紅痘」（紅豆冰）了，食用酵素後不僅可消除青春痘，對皮膚保養也有很大助益，目前生物醫學上對皮膚老化原因已有相當認識。

7. 提升免疫力，癌腫瘤可抑制

現代的醫學課題已由過去的病毒性疾病轉移到「免疫機能」有關的疾病了。所謂免疫機能就是一種具有排除由體外侵入的異物、病原體，或者在體內產生的異物、病原體，或者在體內產生的異物之功能，擔任這一任務的主要角色是白血球，具體而言就是嗜中性白血球、巨噬細胞、T細胞以及B細胞等。

由人體入侵的異物（叫抗原）進到人體時，會先由所謂的「T－輔助細胞」而得知，之後再促使B細胞生產製造破壞抗原所需的抗體，以消滅這些不速之客。人體也有所謂「T－抑制細胞」能夠避免抗體製造太多，維持均衡的抗體生產。

能夠吞噬異物的是嗜中性白血球以及巨噬細胞，尤其當巨噬細胞吞下細菌時訊息立即傳到T細胞，T細胞就會命令B細胞製造破壞此一異物的抗體。

人體的免疫機能是非常精巧的，一旦免疫系統出了問題，就會導致免疫力降低，危害到生命。癌症患者在服用酵素產品後，症狀有明顯改善，甚至痊癒，主要係由於酵素能分解癌細胞，間接藉由提升免疫力達治療功效。並有抑制腫瘤繼續生長或移轉功效。

8. 多重功能，改善類風濕性關節炎

風濕性關節炎以二十歲到三十歲的女性居多，一旦轉成慢性，即使用酵素也難治。這是一種全身關節活動不順又會疼痛的病，發炎部位一旦受到刺激更會惡化。膝蓋疼痛是初期症狀，用酵素治療痊癒比例大約有百分之三十。

輕度症狀的人用酵素療法，需要兩、三個月，如果是慢性，就要六個月以上，日常生活上還要盡量減少動作。酵素對類風濕性關節炎有效原因是因爲酵素的所有功能集中，特別是抗炎、細胞重生、淨化血液促進循環。

9. 調整胰島素分泌，根本治療糖尿病

糖尿病是由於人體胰島素分泌失調或胰臟發炎導致胰島素分泌減少，引起對糖分代謝障礙的一種疾病。當然有些糖尿病是屬於先天性的，其結果是把無法代

謝的糖分隨尿液排出體外，而無法貯存於體內備用，所以病人要隨時補充糖分營養，但又不能過量，否則會惡化病情。

由於酵素能有效地調整胰島素正常的分泌，所以能達到根本治療的目的。

10. 毛根更通暢，禿頭也生髮

長期服用酵素，也可讓禿頭者長出頭髮來。酵素的作用使血液循環不良情況得以改善，血管中的血液中有廢物，也有營養素。頭皮下的微血管若受壓迫，變得細小，毛根細胞中的廢物排出後，流進血管，血管更不暢通。酵素能分解廢物、排出廢物、促進血液流通、輸送養分，這些都得同時進行。倘若血液流暢，營養就可以到達所需之處，毛根細胞亦隨之活潑。當然可以使禿頭重新長髮。

想抗老，先搞定自由基

自由基就是「帶有一個單獨不成對的電子的原子、分子、或離子」，可能在人體的任何部位產生，例如：粒腺體，此處是細胞內產生能量，也就進行氧化作用的主要位置，因爲是進行氧化作用的地方，因此也是產生自由基的主要地點。

這些較活潑、帶有不成對電子的自由基性質不穩定，具有搶奪其他物質的電子，使自己原本不成對的電子變得成對也就是成爲較穩定的特性，而被搶走電子的物質也可能變得不穩定，會再去搶奪其他物質的電子，於是產生一連串的連鎖反應（chain reaction），造成這些被搶奪的物質遭到破壞。人體的老化和疾病，極可能就是從這個時候開始的。尤其是位居十大死亡原因之首的癌症，其罪魁禍首可能就是「過剩自由基」。

去除過剩自由基，有勞「抗氧化酵素」

人體內有數種自行製造的「抗氧化酶」，是人體對抗自由基的第一道防線，它們可以在過氧化物產生，立即刻發揮作用，利用氧化還原作用將過氧化物轉換爲毒害較低或無害的物質。包括有：超氧化歧化酶（Superoxide Dismutase，簡稱SOD）、穀胱苷肽過氧化酶（Glutathione Peroxidase，簡稱GSHP）和觸酶（Catalase）等。

「超氧化歧化酶」是一種酵素，能去除多餘的自由基，也是一種酵素型抗氧化劑。有研究指出，烏龜之所以長壽可能是由於其體內SOD含量較多的緣故。在食物當中，大豆、芝麻與穀物胚芽中（如發芽米、小麥胚芽等）均含有豐富的SOD，若是綜合酵素產品中含有SOD的話，對人體去除自由基便有很大幫助。目前亦有單獨將SOD以生物技術方法單獨製成產品販賣。

「麩胱苷肽過氧化酶」則是另一種酵素型抗氧化劑，能去除過剩自由基，此酵素可與觸酶（catalase）互相搭配將過剩自由基完全清除。目前此兩種酵素也有以生物技術法生產成單一酵素上市。

SOD酵素是一個大分子化合物，人體腸胃較不易吸收，除非打針，如果要口服的話，便必須另找類似SOD的化合物，也就是本質並非酵素，但卻有SOD功能的物質，即稱之爲「類SOD物質」。

類ＳＯＤ之生產均以生物技術方法，由豆類、蔬果、天然草本植物、菇類以及樹皮中抽取、發酵而得，如靈芝、香菇、大豆、松樹皮、葡萄籽、紅栁等。所得到的類ＳＯＤ物質分子較小，容易吸收，在人體停留也較久，能發揮去除自由基功效。

因此，綜合酵素產品若能以這些天然植物爲原料的話，產品就會有ＳＯＤ功能，達到抗老化，防衰老的目的。

＊人體自行製造的抗氧化酶

抗氧化酶	存在位置	作用	輔助因子及其每日建議量	輔助因子的主要食物來源
超氧化歧化酶（Superoxide Dismutase,簡稱SOD）	粒線體、細胞質	氧自由基→雙氧水+氧	鋅：女－12毫克 男－15毫克（最多不超過50毫克）銅：2毫克	鋅：海產、肉類、肝臟、蛋、黃豆、花生 銅：肝臟、肉、魚、蝦、堅果類

抗氧化酶	存在位置	作用	輔助因子及其每日建議量	輔助因子的主要食物來源
穀胱苷肽過氧化酶（Glutathione Peroxidase，簡稱GSHP）	血液、肝臟、粒線體、細胞質	雙氧水→水＋氧	硒：女－55微克 男－70微克	海產、蔥、洋蔥、蒜
觸酶（Catalase）	人體的各種組織	氧自由基→水＋氧	鐵：女－15毫克 男－10毫克（成人）	肉、魚

你可能不知道……

烏龜為何長壽？科學家認為，理論上人類壽命有120歲，烏龜有150歲，狗有20歲。這種物種之間的壽命差異是由基因決定的，所以烏龜會長壽原因之一便是——先天基因。科學家已經在若干個物種裡找到了跟壽命有關的基因，其中既有延長壽命的「長壽」基因，也有縮短壽命的基因，而烏龜之所以長壽另一原因可能是由於其體內「抗氧化的酵素」含量較多的緣故。

此外，烏龜的新陳代謝比較慢。將烏龜與人類的心跳比較，烏龜與人類每分鐘的心跳次數分別為，32與72下，可見烏龜心跳慢，代謝也慢，有如人有時候會脫皮，但不感覺到痛，過一陣子新的皮膚就長出來了。人類新陳代謝比較快，復原也快。烏龜的新陳代謝比較慢，吃下的東西消化得較慢，吸收也較慢，這就是牠長壽的原因。

40多種活性物質，都在松樹皮內

松樹皮中就含有類ＳＯＤ物質。原產法國的一種松樹（Conifer Pinus Pinaster）樹皮中含有類ＳＯＤ活性物質，叫Pycnogenol。此物質含有包括酵素在內的40多種具生物活性成分，主要爲類黃酮、葡萄糖酯、有機酸、兒茶素、酚酸、生物鹼以及Procyanidies等。

這種松樹皮抽取物（pine bark extract）每1公斤僅能抽取出1公克，而且松樹齡需超過二十年以上。此松樹皮抽取物與來自葡萄籽的前花青素低聚物（Oligomic proanthocyanidine，ＯＰＣ），皆具類似保健功能：

1. 使皮膚光滑和富有彈性

2. 維持毛細管，動脈及靜脈血管的健康
3. 促進新陳代謝，維持身體健康
4. 保護眼睛
5. 維持腦神經作用正常
6. 減少因壓力所造成的影響
7. 使關節保持靈活
8. 強化心血管
9. 預防癌症
10. 去除自由基，防老化

酵素養生食譜

1. 木瓜葉湯

葉裏含有許多抗癌的天然化合物，煲木瓜葉湯是把木瓜葉連乾洗幹靜後切細，放入鍋中加水煮1 1/2—2小時。水量多少無所謂，煮成1—2碗整天喝。木瓜葉的用量1葉開始慢慢增加到3葉。

2. 木瓜汁

除了熬湯，木瓜葉也可以連幹攪爛加水壓榨取得液汁，液汁，除了天然化合物外，也含有相當豐富，而且未被加熱破壞的木瓜酵素，以這個方法榨汁，最多只能用一片木瓜葉。

3. 水果綠茶

檸檬帶皮，葡萄柚汁，蘋果切塊，綠茶加水煮成飲料喝。

4. 涼拌海帶

海帶30g拌薑末蒜末少許，醬油及味淋兩匙，醋跟辣椒粉少許。

5. 咖哩豆腐湯

洋蔥，杏孢菇，筊白筍，板豆腐，小黃瓜，綠咖哩，草蝦，可加香菇粉調味

6. 紫菜芝麻飯

材料：烤紫菜100克、黑、白芝麻各120克、米飯。

作法：1.首先用剪刀將紫菜弄成細絲狀，再將擀面杖將兩種芝麻弄碎。

2.將剛才處理好的材料放進米飯中，攪拌後一起食用。每份不需要太多的材料，控制在1—2勺左右即可，剩下的可以存起來等下次食用。

紫菜含有豐富的胡蘿蔔素、鈣、鉀、鐵及多種酵素等營養物質，能促進腸胃運動；芝麻則含有大量氨基酸、食物纖維和礦物質，能促進排便，芝麻素來都有滋養肝腎的作用，尤其是對便秘有很好的療效。

芝麻是一種治療便秘的食材，經常食用還能減肥塑身的作用，在節食減肥是配合芝麻，還能改善皮膚呢。除了紫菜芝麻飯外，芝麻還有很多烹煮方法，比如說黑芝麻

粥、芝麻聰腦湯等。

7. 醬油鹽海帶豆

材料：300克海帶、100克黃豆。

作法：1.首先用刀切海帶，將它們切成絲狀，然後放進沸水中，稍微過一下熱水後就取出來。同時將黃豆放進鍋中，加水煮熟。

2.熱水中的海帶絲和煮熟的黃豆都滴乾水。

3.把兩種食材放進碗中，再往裏面倒進鹽、醬油等調味料和蔥花，然後一起攪拌，完成。

海帶含有的豐富食物纖維及酵素可以增加便量，維生素和礦物質能促進腸道蠕動，而黃豆中的不飽和脂肪酸能促進排便。膳食纖維是健康飲食不可缺少的，在促進消化系統、預防便秘中扮演著重要的角色，特別是水溶性膳食纖維，能吸收大腸的水分而增加糞便的含水量，促進糞便順利排出。便秘的人必須多攝入富含膳食纖維的食物，比如玉米、小米、大麥、木耳、杏仁等等。

8. 菠菜豬血湯

材料：豬血500克、菠菜500克。

作法：1.將準備好的菠菜的鬚根摘掉，然後放進清水中洗乾淨，再將它們的梗切出來。稍微浸泡一下豬血，並將它們切塊。

2.鍋加水煮沸，再把菠菜梗放進去煮一會，接著把豬血塊加進去。轉用文火煮，水再次沸騰後就把剩下的菠菜葉放進去一起煮。最後，放入調味料調味，完成。

菠菜豬血湯具有很好的潤腸通便作用，也很適合夏季飲用。菠菜含有很豐富的營養素，經常食用可以攝取補充胡蘿蔔素、鉀、鐵等，特別是經期間不可缺少的一道食物。菠菜能治療便秘主要是因為它含有大量的植物粗纖維，有利於促進腸道蠕動，從而利於排便。菠菜的做法很多，菠菜粥、菠菜卷、上湯菠菜都是減肥瘦身的飲食食譜選擇。

9. 小白菜

小白菜不但含有豐富的鈣質，還且含有人體所需要的的微量元素，例如鐵、錳、銅、硒等等，對人體的成長和發育有非常好的作用，而且對抗衰老和神經功能穩定更是有莫大的幫助，常吃小白菜的人會發現上廁所的頻率變高了，這就是小白菜的利尿作用，而且還能使大便暢通，擺脫便秘的困擾。

小白菜裡營養非常豐富，含有大量的維生素A和維生素C，而且小白菜植物纖維含量多，可以促進腸壁蠕動幫助消化，常吃的話還可以促進牙齒和骨骼發育，而且能慢慢消除內火，防止牙齦出血等等，小白菜還有非常好的抗癌作用。

作法：小白菜切碎，然後和生薑一起煮熟，多喝可預防感冒和咳嗽。

10. 青木瓜

＊青木瓜茶—

材料：青木瓜四片，大棗三枚。

作法：先將大與木瓜切成細末，然後放在保溫杯裡面，用滾水沖泡二十分鐘以後即可食用。每日喝一次對身體保健非常好，因為青木瓜酵素有舒筋的效果。

＊涼拌青木瓜—

材料：生木瓜半個刮絲、魚露3大匙、蝦醬1小匙、糖半小匙、檸檬汁2大匙、辣椒粉2小匙或辣椒2根去籽切碎、花生粉一大匙、香菜適量切大段、小蕃茄切片。

作法：將魚露、熟蝦醬、糖、檸檬汁、辣椒粉或辣椒末全部和勻即可，預先冷藏備用。將青木瓜絲、香菜、小蕃茄拌醬料，上桌時再撒上花生粉即可。

*青木瓜燉排骨粥—

材料：鮮木瓜250克，米150克，白糖30克。

作法：青木瓜加水，煎至剩少許的水份去渣取汁，加白糖再加水1000毫升，煮為稀粥。每日三次服用。青木瓜燉排骨粥對中暑、腹瀉、腳氣寒濕都有治療作用。

*木瓜牛奶—

材料：蛋黃1個，蜂蜜1大匙，青木瓜半個，牛奶200毫升，檸檬半個。

作法：將青木瓜切成塊，連同牛奶、蛋黃一起打成汁，再加入檸檬汁及蜂蜜，木瓜牛奶味道會更好。

11. 苦瓜粥

材料：苦瓜，米，冰糖。

作法：將米洗淨與洗淨切好的苦瓜共煮粥，粥將好時入冰妝糖即成。適用於中暑煩渴、痢疾等疾病。

12. 鳳梨苦瓜雞

材料：鳳梨1個、苦瓜1條、雞腿2隻、薑6片、醃冬瓜一塊、鹽2小匙

作法：將苦瓜剖開，去籽切塊，燙好後用少許鹽醃拌一下備用。鳳梨切成與苦瓜大小相同之塊狀備用。雞腿切小塊，過熱水燙後洗淨備用。將所有材料放入鍋中，加入5000cc的水，用大火煮開，轉小火，加鹽調味，煮約2小時後即可盛出雞湯食用。

13. 苦瓜炒鹹蛋

材料：苦瓜1條、鹹蛋1個、大蒜1粒、鹽1小匙、醬油1匙

作法：先將苦瓜切片備用，鹹蛋切小塊，用油1匙先將大蒜炒香再加入鹹蛋及苦瓜炒熟即可食用。

14. 黃豆小排湯

材料：黃豆250克，豬小排250克，同燉湯，加鹽、蔥調味，吃湯和有機黃豆。

功用：能補虛止汗，補腎壯骨，可治營養不良性水腫和佝僂病。

15. 黃豆紅棗湯

材料：有機黃豆100克，紅棗100克，共煮湯，加紅糖適量。

功用：常食之可治小兒和婦女貧血、盜汗、食欲不良等。

16. 黃豆豬腳湯

材料：黃豆兩杯、豬後腳、蔥花或青蒜末、鹽。

作法：黃豆泡3小時後煮半小時，然後豬腳剁小塊用開水川燙好洗淨漂冷水，將黃豆和豬腳煮爛加調味即可。

17. 黃豆雞

材料：雞腿2支、黃豆半碗、蔥2支、紅棗2兩、醬油4大匙、糖2茶匙、鹽少許。

作法：將黃豆洗淨，泡水約二小時，將黃豆瀝乾，加入雞腿及調味料，煮沸改小火慢燉一小時，灑上一點蔥花即可上桌。

功用：黃豆的脂肪、蛋白質、鈣、磷、鐵、卵磷脂等營養素含量豐富，能通便、消水腫、治腫毒。

18. 芝麻黑豆漿＋蔬菜全麥三明治

材料是無糖的黑豆漿，三明治不能加沙拉油或者是美乃滋。這份減肥早餐看上去很簡單，但是營養是足夠的，同時又不會過量。

芝麻屬於穀物類食物，能提供脂肪和蛋白質，還含有膳食纖維、維生素、鈣、鐵等營養素，其中所含的亞油酸還能起到調節膽固醇的作用。

黑豆漿含有豐富的蛋白質而熱量很低，還含有碳水化合物、維生素B_1、B_2等等，除了能提供營養外，還能降低血液中的膽固醇和減少脂肪酸。

而蔬菜全麥三明治中的蔬菜能提供大量的膳食纖維，能幫助清理腸胃、排毒。所以，這一份早餐是滿足了營養和減肥需求的。

蔬菜用紫色甘藍菜大約4到5公克、小白菜5公克及少許苜蓿芽。

19. 綠豆茶葉冰糖湯：腎臟病用

材料：綠豆50克，茶葉5克

調料：冰糖15克

作法：綠豆洗淨、搗碎，放入沙鍋，加水3碗煮至1碗半，再加入茶葉煮5分鐘，納入冰糖拌化即可。

20. 絲瓜綠茶湯：痛風用

材料：絲瓜240克

輔料：綠茶5克，

調料：鹽2克

作法：1.將絲瓜去皮洗淨，切成片；
2.切成片的絲瓜放入砂鍋中，加少許鹽和適量水煮；
3.將絲瓜煮熟，再加入茶葉，取汁飲用。

21. 核果飲——心血管疾病、美容、抗老化食譜

作法：1.花生、核桃、松子、栗子（也可加薏仁粉）四種核果類等量磨粉。
2.飲用時用熱開水沖泡，70cc水中可放入2茶匙的松子茶粉，可依個人喜好加入砂糖。

22. 滷牛蒡

材料：牛蒡1條（40公分）白芝麻少許
白醋水：白醋3大匙、開水3杯
滷汁：醬油4大匙、果糖1.5匙、開水1杯（230cc）
作法：1.牛蒡洗淨用菜瓜布輕刷表皮。
2.橫切段後再切成粗絲。
3.將牛蒡放入白醋水中，浸泡20分鐘後，從醋水中撈出，放入滷汁中。
4.滷汁煮滾後轉小火煮，煮至剩下少許湯汁後熄火即可

5.可放冰箱儲存，食用時撒上白芝麻。

料理秘訣：白醋水可避免牛蒡絲氧化變黑。牛蒡外皮營養成分高，不需削皮，準備乾淨菜瓜布刷淨即可。

營養分析（1人份）：熱量57.8卡、蛋白質1.1克、脂肪1.5克、醣類10.7克、纖維1.9克、膽固醇0.0毫克、維生素C 1.1毫克、鈣13.6毫克、鐵0.4毫克。

23. 蘿蔔絲泡菜

材料：蘿蔔40克、鹽巴20克、碎白芝麻8克

調味醃料：韓國辣椒粉24克、砂糖40克、白醋20cc、芝麻油8cc、蒜泥8公克、老薑末8公克

作法：1.白蘿蔔洗淨用菜瓜皮輕刷表皮。

2.將白蘿蔔刨成絲，用鹽醃5分鐘後，洗淨瀝乾水分。

3.加入調味醃料拌勻即可。

4.上桌前加上碎芝麻拌在一起。

料理秘訣：磨碎的白芝麻混入食物中增加香味

營養分析（1人份）：熱量76.6卡、蛋白質0.7克、脂肪3.3克、醣類11.7克、纖維0.7克、膽固醇0.0毫克、維生素C 4.5毫克、鈣8.5毫克、鐵0.4毫克。

24. 海帶芽冷湯

材料：海帶芽7克、小黃瓜1/2條、開水3杯

調味料：白芝麻2小匙、蒜泥2小匙、白醋5大匙、砂糖1大匙、鹽巴少許

作法：1.海帶芽先泡冷水10分鐘後洗淨。

2.小黃瓜洗淨切絲

3.準備3杯白開水加入調味料及海帶芽即可。一般放冷藏食用最好。

4.食用前撒上黃瓜絲，也可加入冰塊。

料理秘訣：冷可以讓酸醋味凸顯，口感更清爽

營養分析（1人份）：熱量32.3卡、蛋白質0.7克、脂肪1.4克、醣類4.8克、纖維0.5克、膽固醇0.0毫克、維生素C 3.0毫克、鈣9.6毫克、鐵0.3毫克

25. 拌冬粉

材料：橄欖油2大匙、冬粉2捲、空心菜5根（切段）、紅蘿蔔1/4根（切絲）、蔥1根（切段）、洋蔥1/4顆（切絲）、鹽少許、肉片5片（雞、豬均可，也可以不加）

調味料：醬油2大匙、砂糖1大匙、麻油1小匙、黑胡椒粉、白芝麻少許

作法：1.水煮沸，放入冬粉，直到冬粉呈透明狀後撈出，瀝乾水分。

2.橄欖油2大匙炒肉片和蔬菜。

3.準備一個大碗，先將冬粉和炒好的菜肉混合攪拌均勻，再加入調味料拌勻即可。

料理秘訣：冬粉容易吸收調味料，因此冬粉與蔬菜拌勻後再加料調味，調味料才可以均勻分佈

營養分析（1人份）：熱量231.3卡、蛋白質4.3克、脂肪11.8克、醣類27.0克、纖維1.9克、膽固醇6.5毫克、維生素C 4.9毫克、鈣37.0毫克、鐵1.3毫克

26.韓式炒年糕

材料：寧波年糕12片、甜不辣或竹輪8個、開水240cc、白芝麻2小匙

醬料：韓式辣椒醬4小匙、砂糖8小匙、洋蔥1/4顆（切絲）、蔥1根（切段）、高麗菜1碗（切成小方塊）

作法：1.將開水240cc、調味料及年糕放入鍋中。

2.開火煮至水少掉1/3後，放入甜不辣再拌炒。

3.待水減少到1/2時，熄火，放入洋蔥、蔥及高麗菜拌拌即可。食用時撒上芝麻。

料理秘訣：蔬菜最後放，可以保持鮮脆。

營養分析（1人份）：熱量173.2卡、蛋白質3.5克、脂肪2.8克、醣類34.6克、纖維2.2克、膽固醇3.7毫克、維生素C 11.9毫克、鈣94.8毫克、鐵0.9毫克

27. 香菇芹菜素魷魚

材料：素魷魚300公克、乾香菇絲20公克、芹菜200公克、調味料、油15克

作法：乾香菇絲泡熱水直至變軟，素魷魚切小長條燙過去除腥味，芹菜切小段，調味料用熱油爆香後將所有材料拌炒至熟即可。

28. 三色蒟蒻絲

材料：金針菇100公克、小黃瓜絲100公克、紅蘿蔔絲100公克、蒟蒻絲一百公克、蔥段、蒜頭、調味料

作法：金針菇、小黃瓜絲、紅蘿蔔絲、蒻絲先用熱水川燙，蒜頭、蔥段用熱油爆香，所有材料入鍋炒熟即可。

29. 蒟蒻拌泡菜

材料：罐裝市售韓國泡菜一罐、蒟蒻一片約300公克

作法：蒟蒻先用熱水燙過去除腥味、切成薄片，將蒟蒻片與韓國泡菜大略拌一下即可。

30. 味噌西洋芹

材料：西洋芹1根、芝麻醬3大匙、味噌1大匙、蔓越莓乾少許

作法：1.西洋芹洗淨，從中間剖開，並切成約5公分小段。

2.將芝麻醬與味噌混合，填入西洋芹中。

3.撒上蔓越莓乾後排盤。

31. 甜菜薏仁

材料：紅薏仁1/2碗、珍珠米1/4碗、蕎麥1/2碗、甜菜根1/2個、黃色甜椒1/2個、小黃瓜1/3根。

調味料：紅葡萄醋30cc玫瑰鹽1/4小匙

作法：1.將紅薏仁、珍珠米、蕎麥洗淨後泡水6個小時，再依一般煮飯程式煮熟。

2.甜菜根洗淨去皮切丁，小黃瓜洗淨切丁，黃色甜椒洗淨切丁。

3.將作法1與作法2材料混合，並加調味料拌勻即可。

32. 首烏芝麻糊：抗癌

材料：何首烏10克、黑芝麻粉2大匙、冰糖10克、葛根粉一大匙。

作法：何首烏加水500cc，以中火煮20分鐘，剩一半湯汁時，過濾取出何首烏。將黑芝

麻粉、冰糖放到湯汁中，將葛根粉加水溶開，倒入何首烏芶芡，以小火煮至糊狀，即可食用。

何首烏可促使頭髮再生，黑芝麻可預防癌症，其中含有的蛋白質、維生素B群、E及豐富的鈣質，可補充體力不足。

33. 綜合沙拉：抗癌

材料：小黃瓜1/3根、奇異果一顆、紅黃椒各20克、腰果10克、松子5克、檸檬1/2個、百香果汁20cc、罐裝玉米20克。

作法：小黃瓜去籽、奇異果去皮、甜椒切成小塊。腰果與松子放到烤箱稍微烘烤。檸檬壓汁後與百香果汁混合。再混合所有材料即可。

檸檬榨甜椒含有β胡蘿蔔素、纖維素，可以通便，預防大腸癌。玉米有鎂、硒、玉米黃素、葉黃素，可抗氧化。此沙拉帶有酸味，能增進食慾，但是腹瀉者不要食用。

34. 干貝烏骨雞湯：抗癌

材料：乾幹干貝3粒、烏骨雞腿1/2支、竹笙10克、薑片2片、鹽少許。

作法：干貝泡水4小時，烏骨雞川燙去血水，竹笙泡水之後擠乾、切段。把所有材料放到電鍋中，內鍋2碗水，外鍋1.5杯水，煮到開關跳起，放鹽即可。

PART 5

從吃開始，
不吃藥、不打針，
自然提升免疫力

很多人常覺得日常生活飲食營養均衡，
睡眠充足、也常運動，但為何仍經常有疲勞感，
精神不振，似乎已脫離健康，呈現出亞健康狀態，
西醫的診斷檢查也找不到原因，
此時不妨改變飲食內容改吃一些
生食或加工程度較低產品，
因為所吃食物中酵素都已破壞，
無法吃出健康與美麗。

小心！皮膚年齡透漏健康指數

皮膚是人體面積最大的器官，人開始老化時皮膚是最容易自我感受，也是外人判斷老化與否的重要指標，因此如何使皮膚老化速度減緩、常保青春是大家追求的目標。

老化皮膚有警訊，不可不防

老化的皮膚呈現乾又薄、產生皺紋、色澤不良、虛弱、無彈性，而且有些老人，皮膚幾乎是透明的，像羊皮紙一般。皮膚極鬆弛或常摩擦之處，如鼠蹊、腋下及女性的乳方下方，可能會形成表皮肉垂。這類小瘤通常出現在四十幾歲的女性及五十幾歲男性的身上。通常是良性，很少是惡性的；但有時可能是皮膚癌前兆。

皮膚老化時有時產生「脂漏性角化病」，這是棕色突起的斑點，看起來很像疣，雖然不致危害健康，但有礙觀瞻，可以刮除或用液態氮消除。

「日光性角化症」也是皮膚老化症狀之一，是惡性前兆疾病，可用液態氮來冷凍摧毀。「日光性角化症」則是長在長期接觸陽光的皮膚部位，而且最常出現在金髮及紅髮者身上。長得像小疣，但表面粗糙，有時摸起來硬硬的。顏色多半是深灰色，不像脂漏性角化病多半是棕色的。

老人斑又名肝斑，醫學上稱爲「著色班」，也是老化象徵之一，面積大而扁平、形狀不規則，顏色與周圍皮膚不同；多出現於皮膚最常曝曬到陽光之處，例如：臉部、手背及雙腳。隨著年齡增加，皮膚會開始出現小小鮮紅的櫻桃血管瘤，大約百分之八十五的老人皮膚都會長這東西。多半長在軀幹上，不在四肢，而且只是擴張的小血管，這是老化的徵兆之一，對人體無害。

另外一種皮膚老化的徵兆爲「紫斑」，多出現在皮膚薄、無彈性、失去脂肪和結締組織的老人身上。由於年紀大了之後皮下血管無法得到良好的支撐，因此很容易受傷。如果這些痕跡出現在衣著覆蓋的皮膚上或與身上某處流血同時出現，就必須就醫。

皮膚老化的「自然」結果，流失彈性蛋白和膠原蛋白、皮膚細胞重生速度減慢、汗腺的數量減少和皮脂腺分泌的皮脂量下降等現象，都會因日曬、情緒壓力、營養不良、體重反覆升降、酗酒、污染及抽煙而加速惡化。其中最重大的危險因子就是陽光傷害。

活化皮膚細胞，酵素修復功效強

酵素是具有活化細胞、修復皺紋、防止老化等功能，且可促進新陳代謝，使肌膚看起來容光煥發。人體除了內部細胞組織內即存有許多天然酵素外，皮膚中也有功能不同的酵素，有些可幫助深層皮膚細胞生長，使被阻的皮膚細胞再度運作；有些酵素可抵禦紫外線對皮膚造成的傷害，抑止皮膚表面黑色素形成，進而對抗由陽光曝曬所造成的老化；有些酵素則可以使老化皮膚的死細胞剝落，甚至增進肌膚內膠原蛋白與彈力蛋白形成，而膠原蛋白與彈力蛋白正是維持皮膚彈性和緊密細緻的重要關係物質。食用天然綜合植物酵素，對活化人體皮膚細胞具優異效果，而活性酵素所擁有的強盛活潑力，可深入皮膚組織，是養分最佳的傳送媒介。

減肥又養生！巧用酵素一次OK

體重是否超過標準是決定一個人健康的因素。追求苗條的身材，一方面是爲了提升自己的風采與形象，也是追求長壽與健康的先決條件。

酵素可有效減肥，這是理所當然的，食用綜合酵素的同時也一併施行運動飲食控制，並持之以恆，效果更明顯。

人體內的脂肪可用以囤積脂肪及分解脂肪，肥胖的人體內脂肪是不足的，煮過的食物，酵素已遭破壞（包括脂肪酶在內）。脂肪會囤積在肝臟、腎臟、動脈和毛細管中，吃下無酵素的食物，不僅會導致肥胖，而且還會促使器官產生病變。

加熱後的精製食物，會使人體腦垂體腺的大小及外觀發生劇烈改變，這可由動物腦垂腺切除後，引發血液中酵素數量的增加來證明。酵素會影響分泌荷爾蒙的腺體，而荷爾蒙也會影響酵素的數量。

由於熟食的過度刺激，會導致胰臟和腦垂體腺過度分泌，全身因此變得懶洋洋的，甲狀腺功能不彰，於是變胖。生食較不會刺激腺體，體重的變化自然少。最明顯的證明，就是當農民用生的馬鈴薯餵豬，豬比較不容易養胖；不過，若用熟食餵豬，豬容易胖。因此利用酵素減肥，可以運用斷食法配合酵素來減肥，每星期斷食一～三次，每次在十六～二十四小時，斷食期間以酵素補充體力，並配合運動、喝水。減肥效果甚佳。

胖不胖，怎麼量才正確？

體重過胖常伴隨著許多疾病；如動脈硬化、高血壓、糖尿病、痛風、關節炎以及腎臟病等。身體質量指數（Body Mass Index；BMI）是判斷肥胖的指標，指體重（公斤）除以身高（公尺）的平方所得數值。依據衛生署最近所公布國人肥胖定義及處理原則，BMI超過24即爲過重，BMI大於27則爲肥胖。

根據這項新標準，國內成人約三分之一過重，一成肥胖；值得注意的是，除了BMI外，衛生署首度將腰圍當成肥胖指標，擁有「中廣」身材的人要特別小心。

除了BMI外，台灣新修訂的肥胖定義也把男性腰圍超過九十公分、女性超過八十公分者視爲肥胖。根據統計，擁有「中廣」身材的成人也達百分之十五；這類小腹凸出者，由於脂肪大量累積在腹部，易引起脂肪肝、高血脂症等問題，就算ＢＭＩ在標準範圍內，也應視爲肥胖一族。

而身體質量指數也不適用於五種族：

1. 年紀小於十八歲者。
2. 競賽運動員。
3. 孕婦或哺乳婦女。
4. 體弱或需久坐老人。
5. 肌肉發達的健美先生與小姐。

所以，事實上ＢＭＩ只是一種提供肥胖判斷的參考而已，也不是一成不變的。

體重正常，也可能是隱形肥胖

肥胖的判斷也不是單由體重的多寡來評論的。若是脂肪組織在人體之成分比例超過正常值才是肥胖。一般而言，體脂肪增加的話，體重會隨之提升，但體重的增加並非只限於肥胖所導致。例如運動選手每天接受嚴格的訓練，體脂肪並不多，體重過重主要原因是筋骨，所以不能說是肥胖；反之，體重正常的人有可能體脂肪含量很高，這稱爲「隱性肥胖症」，常發生在下列三種人身上：

1. 基礎代謝隨年齡增加而下降，由於缺少運動，體重與年輕時一樣。
2. 過去因運動而具有適量筋肉，但後來由於缺乏運動，體重沒有改變。
3. 減肥失效，體重又恢復原狀的人。
4. 體脂肪率

脂肪被認爲是造成肥胖的元凶，當堆積在身體內的脂肪細胞增大，脂肪細胞分裂，數量增加時就會造成肥胖。體脂肪率是用以衡量脂肪多寡的指標之一，也是判斷肥胖標準的一種。體脂肪是指體內脂肪所佔體重的比率，以往肥胖的定義是依標準體重爲基準，但目前醫學上肥胖定義即爲體脂肪率的高低。體內脂肪幾乎是不導電，而肌肉組織中的水分則易導電，所以可以利用身體的電阻來測量體脂肪率。

減肥前，先瞭解三大概念

很多人常抱怨：爲何體重不斷上升？不論天天做運動，飲食也控制，但就是瘦不下來。事實上減肥是一項非常複雜的行爲，成敗因素太多，不是單一原因而已，因此，減肥者必須具備基礎醫學及熱能消耗等基本概念：

1. 人體是由水分、蛋白質、醣類、脂肪及礦物質所構成的。男性體內有百分之六十是水分，百分之二十爲蛋白質，百分之二十爲脂肪；女性則是水分占百分之六十到七十，百分之十爲蛋白質，百分之二十至三十是脂肪。以密度而言，蛋白質最高，其次是水，最低者爲脂肪。

   很多減肥者體重雖已減少（減重），但看起來外表仍一樣胖，主要原因可能所減少的是以蛋白質為主成分的肌肉及水分，但脂肪卻沒減少。若減肥時腰圍變小，外表變苗條，但體重並沒降低很多，那麼減少的應就是脂肪（眞正的減肥）。

2. 人體「基礎代謝率」意義指為了維持人體正常生命或正常身體功能，每小時需要消耗的最基本需求能量之速率，也就是「最低消耗能量速率」。而一個人要維持基礎代謝率所需熱量平均值為一千二百至一千八百卡左右。主要耗能器官是人體肌肉組織。減肥主要是想去除脂肪，並降低體重，只剩下肌肉，但減肥若只是使肌肉崩解，體重雖然下降，以為已達減肥目標，但由於肌肉減少，基礎代謝率大幅降低，再次恢復正常飲食時，就又迅速恢復體重。減肥後又復胖原因之一在此。

3. 人體中多餘的熱能是以脂肪的形態儲存，多餘的蛋白質也會轉變成脂肪，醣類則是以肝醣的形態存在肝臟與肌肉之中。蛋白質主要是構成肌肉與器官組織，若是在不斷攝取糖質食物的情況下，多餘的糖分是會成為脂肪的。醣類是最有效率的能量來源，雖然效率低，但卻可以提供即時的熱能，如爆發性強的運動、短跑、舉重、拳擊等，但像長時間而持續的運動則需靠脂肪來供應能量，如慢跑、游泳、跳舞、爬山及騎自行車等。當脂肪要燃燒時需要醣類及水分之參與，當水分及醣類供應不足時，脂肪無法燃燒，反而會利用蛋白質（如肌肉）提供能源，所以減肥時沒有適當量的糖質與水分的話，就會成爲瘦的是肌肉，而脂肪仍不動如山。

因此，想要減肥先決的條件是，熱量的攝取必須少於熱量的需要。一個人每天所需熱量有一定的量，在熱量不足情況下，將身體所貯存的或已有現成的熱量來補充，這些熱量可以來自肝醣、脂肪或是肌肉組織，那麼燃燒之後體重就會下降，動用的燃料是脂肪的話，就能減肥。

減肥、瘦身、塑身，不一樣

我們常聽到減肥、瘦身與塑身等名詞，其實是有點不同的。

瘦身是指減肥也就是減輕體重，而塑身則是將身體某些部位的脂肪，轉變並鍛鍊成肌肉。所以其相同之處爲均可透過適量的運動來消耗能量，達到減少過多皮下脂肪的效果。但不同之處是塑身需反覆運動想鍛鍊的部位，使該部位的肌肉發達，並讓囤積的贅肉消除。

因此塑身成功、擁有健美身材曲線的人未必表示是減肥成功的人。這是因為有時候將多餘的脂肪鍛鍊成肌肉，反而會使體重稍微增加呢！

造成肥胖原因的脂肪細胞數目，到了成年就不再增加，所以成年以前應盡量避免發胖，才能把脂肪細胞數目維持於最少；成年以後才發胖的人，一般只是脂肪細胞因佔貯藏多餘脂肪而變大，故減肥不難，減肥後脂肪細胞恢復發胖前的大小，數目不變，故有許多人減肥後苗條如昔。但幼年肥胖的人就較難以減肥了。

天然酵素，各具妙用

在我們日常生活常接觸到天然酵素產品，只是不自知而已，這些天然酵素其實都有其各自特點也具有特殊用途。

酒麴、味噌麴和醬油麴，來自穀物

使用黴菌繁殖於穀物，產生酵素者，稱「麴」。傳統上以黃麴菌*Aspergillus oryzae*接種於蒸米上繁殖之含蛋白質分解酵素及澱粉分解酵素之製品，也可用以製造醬油（醬油麴）、味噌（味噌麴）、清酒（清酒麴）等。

中國傳統的釀造食品，用麴的歷史甚久，一七〇〇年前傳入日本後，一八九〇年由日人高峰博士介紹給美國，當作消化劑使用稱takadiastase。

現在麴的製造，以工業規模生產。麴依所用材料，米、麥、豆和麩皮等分別稱米麴、麥麴、豆麴和麩皮麴等。依用途不同又分爲酒麴、味噌麴和醬油麴等，依形狀之不同分爲塊狀麴和散麴，前者以中國的高粱酒麴、後者以日本清酒麴爲代表。

抗炎、抑癌，鳳梨酵素功效好

自古以來，老祖宗就告訴我們，鳳梨很利。相信大家都有過這種經驗，鳳梨吃多時嘴巴會破、不舒服。事實上，這是因爲鳳梨中富含蛋白分解酵素的緣故。

鳳梨中的酵素主要由莖中所抽取，所以稱爲鳳梨莖酵素（Stem Bromelian），過去台灣鳳梨酵素的生產曾是全球第一，時值一九七〇年代適逢著者求學階段，恰好也加入這股酵素研究陣營，可說是台灣探討酵素的先驅，著者便曾因研究酵素而獲得教育部科技發明獎。

鳳梨中含有豐富的蛋白，這是其主要酵素，另外還含有磷酸、過氧化等。鳳梨酵素在醫學臨床上有許多功能，如抗發炎、改善關節與肌肉傷害、清除傷口壞死組織、降低關節發炎病痛、改善消化道及呼吸道功能等。另外近年來的研究還發現，其有增強免疫力及抑制癌細胞生長等功效。

鳳梨除含有酵素外，它可食用的部分若以一百公克來計算的話，熱能爲51大卡，水分有85.5公克左右，蛋白質0.6公克，脂質0.1公克，醣類爲13.4公克，鉀爲150毫克，鈣有10毫克，鎂14毫克，磷9毫克，鐵鋅銅錳及鈉均是微量。維生素A（胡蘿蔔素）有30微克（10－6公克），維生素C含量豐富，有27毫克，其他維生素較少，食物總纖維量有1.5公克。

因此，萃取綜合天然植物酵素，鳳梨可說是相當重要的原料，除了抽出鳳梨酵素外，其他營養成分也會一併取得。

木瓜酵素，幫助消化好吸收

木瓜（papaya），含有多種醣類、維生素、木瓜鹼、木瓜酵素，在餐後食用，能使蛋白質與脂肪易於消化吸收。

木瓜中所含酵素即木瓜酵素（papain）可以幫助消化，可消化比本身重35倍的蛋白質。木瓜酵素也具有解毒作用，可化解白喉或破傷風的毒，甚至可將化膿症的膿液溶解，再逐漸排出體外，對燒燙傷、褥瘡及頑固的異位性皮膚炎均可發揮療效；木瓜酵素更能改善平衡失調的機能，改善體質。它有分解脂肪的作用，亦可分解血管內的中性脂肪和膽固醇。

它屬於黃色水果，有抗氧化物質，除能增進健康尚有防癌及心膽血管保護功能，尤其番木瓜鹼有強力的活力，有腫瘤的病人，適當的吃一點木瓜，可幫助病況改善。

木瓜鹼是木瓜的植物性化合物之一，有抗腫瘤作用，含有抗氧化作用的維生素A、β－胡蘿蔔素及番茄紅素，可以使活性氧無毒化，抑制癌症產生的抗氧化作用。

木瓜中所含維生素量，足以提供人體每日需要量，其內所含多種纖維和酒石酸酚，可抵制亞硝酸的形成，而可預防癌症。

你可能不知道……

近年來，木瓜在醫學及美容方面，用途越來越廣，其中包括有：

1. 促進皮膚組織的新陳代謝，使肌膚具有光澤，發揮清淨作用。
2. 具有消炎與抗菌作用，具臨床效果。
3. 能夠使角質化而變硬的肌膚柔軟。
4. 能夠去除青春痘、疤痕或曬傷的部位，用在美容上功效良好。

抗氧化，蘋果酵素很「多酚」

有人認爲「一天吃一顆蘋果，可以不需要醫生」，蘋果中含有豐富的鉀，可食部分100公克中含有鉀量爲110毫克，其他較多的成分有食物纖維、維生素C等。蘋果中也有多酚類物質，具抗氧化功效。

蘋果雖不像鳳梨與木瓜般含有特殊酵素，但卻有廣泛範圍的酵素，如：蛋白酶、脂肪酶、纖維分解酵素、澱粉酶以及超氧化歧化酶等。

蘋果的食物纖維中也有大量果膠（pectin），可改善腸胃疾病，降低膽固醇。

天然威而鋼，奇異果酵素增體能

奇異果（kiwifruit）蛋白質中有些成分構成酵素，其效力不亞於鳳梨或木瓜，將奇異果夾在肉品中，可很快地發現肉類會變軟。所以當魚、肉類吃太多時，奇異果有助於消化，並能防止胃部脹氣與灼熱現象，也具增強體能效果，也因奇異果含有較多量精氨酸，所以也有類似威而鋼的功效。

美白兼補血，草莓酵素女人少不了

草莓原產地為歐洲，由前蘇聯傳到東方來，素有「水果皇后」的稱號，目前產量最多的國家是美國。草莓中維生素C的含量豐富，一百公克可食部位含有100毫克，是蘋果的十倍，鉀含量為170毫克也算多，食物纖維則為1.4公克，碳水化合物有8.5公克，蛋白質為0.9公克。

草莓有其醫用功能，如：生津、健脾、補血與解酒等。草莓中含有多種氧化，可協助酒類物質快速分解，同時草莓也有一些特殊蛋白質及生化成分，作用如同酵素抑制劑（enzyme inhibitor），能阻斷某些酵素反應，尤其是癌細胞繁殖所需的酵素，所以有人認爲多吃草莓能延年益壽，健身美容。

消化肉類，香蕉酵素最給力

香蕉中糖分很高，熱值大，未成熟香蕉中蔗糖合成酶（sucrose synthetase）會逐漸發揮作用將澱粉轉成糖類，所以成熟後甜度增加很多。

香蕉中有豐富的「蛋白質分解酵素」，可協助蛋白質的消化吸收，並且類似鳳梨或木瓜酵素，能用在醫藥或化妝品上，臨床上還有潤腸通便、抗發炎功效，也有研究指出，香蕉有降血壓、預防心血管疾病等功能，這些都與香蕉中所含的酵素有關。

養生小人蔘，胡蘿蔔酵素能抗癌

胡蘿蔔之所以有「小人參」之稱，其原因有二：一是胡蘿蔔的營養價值豐富，具有醫病的作用；二是胡蘿蔔的形狀和高麗人參相似，故得名。

胡蘿蔔有兩個特點：一是含糖量高於一般蔬菜，並富有芳香甜味；二是含有豐富的胡蘿蔔素，而這種胡蘿蔔素，卻又是「身價百倍」！美國和前蘇聯科學家都提出一項新科研成果——胡蘿蔔可防癌，並認爲這主要是胡蘿蔔素的功勞，因此它已被人們公認爲防癌、抗癌物質。

胡蘿蔔素並不是胡蘿蔔所獨有，幾乎所有的蔬菜及一些食物都或多或少含有胡蘿蔔素。

據營養學家們的科學分析，胡蘿蔔含胡蘿蔔素，一分子的胡蘿蔔素可得二分子的維生素A，因之其被稱爲維生素A原。每一百克胡蘿蔔含胡蘿蔔素3.62毫克（換算成維生素A相當於二〇一五國際單位），大大地超過了刀豆、青菜、辣椒等蔬菜的含量。所以科學家認爲，經常吃胡蘿蔔不僅有益於健康，而且在防治腫瘤方面有奇妙的作用。

據有關臨床研究證明，維生素A與人體上皮組織的發育有著極密切的關係，如果缺乏，上皮組織細胞就會因缺乏營養而發生角化，皮膚變得粗糙，抵抗力降低，彈性減退，黏膜易發生破損、皺裂、糜爛或消氣而成爲癌變。癌發生率較高的器官，如胃癌、腸癌、食管癌、肝癌、乳腺癌、肺癌及前列腺癌，都是屬於上皮組織的惡性腫瘤。根據動物實驗表明，上述腫瘤當給予維生素A治療時，能抑制其發展，並可以使已向癌變化的細胞逆轉，恢復成爲正常的細胞。

胡蘿蔔除了含有九種氨基酸和十幾種酶外，還含有人體必須的許多礦物質，其中如鈣、磷是組成骨骼的主要成分；鐵和銅是合成血紅素的必備物質；氟能增強牙齒琺瑯質的抗腐能力；其他如鎂、錳、鈷等對酶的構成，以及蛋白質、脂肪、維生素、醣類的代謝等都有重要的作用。胡蘿蔔中的粗纖維能刺激胃腸蠕動，有益於消化；所含的揮發油則具有芳香氣味，有促進消化及殺菌功效。

事實上，胡蘿蔔的各種功效都與其內所含酵素有關，胡蘿蔔中有多種分解酵素、溶菌酶以及轉移酵素等。所以綜合水果酵素的生產原料，必定會有胡蘿蔔。

你可能不知道……

近年來，科學工作者在調查中發現，維生素A供給量低的人群，癌症發病率要比一般人高出二倍。美國芝加哥一位醫學家希凱利還曾作過這樣的觀察：把四百八十八個攝取胡蘿蔔素最少的人編為一組，發現其中有十四人患肺癌；另一組四百八十八個攝取胡蘿蔔素多的人，患肺癌者僅有二人。同時，科學家認為，對於吸煙人士來說，每天若能夠吃半個胡蘿蔔，就可能可以防止肺癌。據報導，美國國立癌症研究所的癌症起因和防止部主任理查德·阿達姆森宣布，他和他的家屬們，每天不可缺少的食物之一，就是幾個生的或者是熟的胡蘿蔔。

吞噬癌細胞，蘿蔔酵素建屏障

蘿蔔（Daikon, Japanese radishes）原產地是中國，但卻成爲日本代表性蔬菜之一，屬於春之七草的一種。

作爲蔬菜，蘿蔔肉多汁濃，味道甘美，是人類健康的好朋友。從營養角度來看，其營養豐富，經科學測定，它所含的維生素C，比梨、橘子、蘋果、桃等高八倍之多；它所含的核黃素、鈣、磷、鐵等，亦比上述水果還要多。

蘿蔔有辣味，是由於含有芥子油，它能促進胃腸蠕動，幫助消化，增強食慾。蘿蔔在古中國最早用以中藥而治病。在古代醫書中記載：蘿蔔有消食、順食、化癌、治喘、解毒、利尿、補虛等功效，適用於胸腹滿脹、消化不良、咳嗽氣喘、傷風感冒等症。

近年來，科學家研究發現，蘿蔔是一種具有抗癌作用的蔬菜。

其一：它所含的多種酵素，能完全消除致癌物質亞硝酸胺使細胞發生突變的作用。

其二：蘿蔔含有一種木質素能提高巨噬細胞的活力，可以把癌變細胞吞噬掉。這是因爲：阻礙癌腫瘤生長的第一道屏障是細胞間基質，而蘿蔔中所含大量的維生素C，則是保持這道屏障結構完整的必須物質，起著抑制體內癌細胞生長的作用。

蘿蔔中含有一定量的粗纖維，它雖不能被人體消化吸收，但它可以刺激腸胃蠕動，減少糞便在腸胃內停留的時間，保持大便通暢，使糞便中的致癌物質及時排出體外，預防大腸癌和結腸癌的發生。

另外，在日常生活中，一些食物和藥品都含有一定的胺，人體消化後常與亞硝酸鹽相結合，形成了一種很強的致癌物質——亞硝酸胺。如果在生活中，人們經常吃蘿蔔，就可以從蘿蔔中獲得多種酵素，將人體內的致癌物質——亞硝酸胺分解掉。同時，蘿蔔中還含有很多木質素，能將人體內巨噬細胞的活力提高二、三倍，活力提高後的巨噬細胞可逐個吞食癌細胞。

蘿蔔中富含多種酵素，也由於這些酵素，蘿蔔才有神奇功效，蘿蔔有澱粉酶，可協助澱粉消化，調整胃腸不適，並能預防胃發炎與潰瘍。其中所含的蛋白質酶與脂質酶不僅能分解蛋白質、脂肪，並有分解致癌物的功效，在烤魚、蝦中加上蘿蔔泥可以氧化焦黑的致癌物，這便是氧化所發揮的功能。

蘿蔔是綜合蔬果酵素產品的重要原料之一，理由即在此。

抗氧化，甜菜根酵素是神賜之禮

甜菜（beet）原產於歐洲，古代希臘人視爲神聖物質，甜菜根一直被視爲神所賜的禮物，甜菜根所煮的湯遂成爲北歐民族每天必備食物之一。

甜菜根呈紅色，具有豐富的鉀、磷、鐵及維生素B_{12}，有降血糖、解毒，增強抵抗力及助消化功能。在西方天然植物食療法中，甜菜根也是一種退燒食物，近年來還有抗癌作用的醫學研究。

甜菜根富含多種酵素，包括分解酵素與抗氧化酶，也因爲如此，甜菜根也被視爲重要的天然酵素來源之一。

山藥酵素有黏液，吃一抵三

山藥（chinese yam）又叫山芋，產地爲中國，含有醣類、蛋白質、多種維生素、精氨酸、膽鹼、多種礦物質等。

較特別的是山藥中含有黏液質成分，這是黏蛋白，成分是糖蛋白（glycoprotein），能滋潤黏膜，保護胃壁，促進蛋白質的消化和吸收。

山藥中的酵素含量非常豐富，尤其是澱粉酶，如液化amylase以及diastase等。酵素的含量更是蘿蔔的三倍，所以山藥生吃時最爲理想，因爲可一併吃進酵素。傳統中藥裡，山藥原本就用在增強體力、消除疲勞、改善腸胃不適、提高免疫力及止咳等疾病上，近來的研究也發現其能改善糖尿病症狀。

山藥也是生產天然植物酵素的重要原料之一。

預防糖尿病，大豆及花生酵素效用廣

豆類是相當有營養的食物，除了本身有豐富的營養成分之外，豆類所含的酵素也非常豐富。

胰蛋白酶抑制劑（trypsin inhibitor）在花生及薄皮大豆中含量很豐富，是蛋白質的一種，能抑制胰蛋白的作用，促進胰島素分泌，在預防糖尿病有其功效。對大腸癌的癌變也有抑制作用。另外，花生與大豆也含有大量的胰凝乳蛋白酶抑制劑（chymsotrypsin inhibitor），此蛋白質除了有胰蛋白抑制劑功能外，並能提高心臟收縮力，改善呼吸困難等症狀。

抗老化，麥子酵素可製酒

現代科學認爲，小麥中含有的維生素E更是眾所周知的一種抗老化藥。維生素E廣泛存在於食物中，來源充足，在一般情況下，人類尚未發現維生素E的缺乏症。爲了抗癌，適當地多吃一些小麥及小麥製品和植物油等含維生素E較多的食物是有益的。

在小麥中還含有一定量的鉬，科學家研究也認爲，鉬與癌之間有一定的關係。

眾所皆知，亞硝酸胺是強烈致癌物質之一。可是當亞硝酸胺在人體內遇到鉬以後，它的合成就會被迫中斷；亞硝酸胺不能形成，癌變自然就會得到預防。

小麥種子在發芽過程中，種子所含的基因會合成酵素，將小麥種子所貯存的養分（澱粉、蛋白質、纖維素等）分解成小分子，以提供種子發芽。因此當小麥長出胚芽時，酵素量是最高的，含有分解澱粉、蛋白質、脂質及纖維素等的酵素。

啤酒的製造就是利用麥芽中的酵素來分解原料中的各成分，其中所分解的葡萄糖經由酵母菌發酵而成酒精，其他小分子分解產物則形成啤酒中的香氣、顏色，並殘留在啤酒中成為其營養成分。當然在人類得知微生物發酵與生化變化之前，是利用自然發酵，並靠經驗與嘗試錯誤來製造啤酒的。

日常保健，糙米及發芽米好選擇

以天然穀物（如大、小麥、糙米等）為原料，經由發芽及發酵後，由於含有高量酵素，因此成為極為流行的保健食品。

以糙米的胚芽混合糠及糖質原料（如蜂蜜），再加上酵母菌進行發酵，因而產生的多量有用酵素，這就是糙米酵素。酵素種類高達四十種，其中澱粉酶與作爲胃腸藥的酵素相比，活性高了三倍以上。蛋白酶與脂質酶活性也極高。由於酵素與其他營養成分（如維生素E、B2、核黃素等）的功能，糙米酵素成爲酵素療法中的主要治療用生化物質。

一般白米發芽後所成的發芽米也是同樣道理，藉助植物發芽過程時所誘導產生的酵素群，增加營養功能，不過發芽米在乾燥過程中，要避免高溫破壞其中的酵素，最好在發芽後馬上煮來食用，酵素直接吸收，對人體最好。

酵素減肥養顏食譜

由於許多動植物都含有豐富酵素，因此製作瘦身減肥養生食譜並不困難。

1. 5日排毒消脂法

Day 1　胡蘿蔔西蘭花辣椒汁

原料：大胡蘿蔔2根，大西蘭花（綠菜花、青花菜，屬十字花科芸苔屬）甘藍變種）1個，紅辣椒1個。

做法：將所有蔬菜洗淨，去掉辣椒的蒂和籽，將所有蔬菜切成合適大小的塊或片，榨汁，攪拌均勻後即可飲用。

功效：甘甜醇美，胡蘿蔔和辣椒的甜味剛好可以中和西蘭花的苦味，使其味道非常好。這道蔬菜汁具有很好的排毒減肥效果，能促進身體的健康，另外，還能保持皮膚美白，並起到明目的作用。

Day 2 芹菜哈密瓜汁

原料：大芹菜2顆，哈密瓜半個。

做法：哈密瓜去皮，去籽切丁，大芹菜洗淨切段，將哈密瓜丁、芹菜放入果蔬榨汁機中，酌加冷水，攪打後加蜂蜜調勻即可飲用。

功效：哈密瓜含有維生素，幫助消化、利尿，排除體內廢物與毒素，潤澤皮膚，淡化斑點，二者配成汁加強了利尿排毒，瘦身養顏。

Day 3 果菜香瓜汁

原料：胡蘿蔔半條，香瓜半個，檸檬六分之一，蜂蜜30毫升，冷開水120毫升，冰塊70克。

做法：將香瓜、胡蘿蔔、檸檬洗淨切成小塊，連同其他原料放入果汁機中攪拌均勻即可飲用。

功效：生津開胃，潤腸通便，降脂瘦身。這個蔬菜汁香甜可口，色澤醇厚，高血脂，可以治便秘，通便排毒，起瘦身效果。

Day 4 蘿蔔金橘菠蘿汁

原料：白蘿蔔200克，金橘5個，菠蘿300克。

做法：將金橘洗淨留皮切半，將菠蘿、白蘿蔔洗淨去皮切片後，連同金橘用分離式榨汁機榨出原汁即可飲用。

功效：金橘含有豐富的苷類，具有理氣消食、化痰止咳。健脾解酒功效，三者結合，有助於健脾消食，理氣通便，加強了瘦身養顏的功效。

Day 5 果菜百寶汁

原料：芹菜、生菜、萵苣、小白菜、蘋果、菠蘿、橙子、蜂蜜各適量。

做法：將芹菜、生菜、萵苣、小白菜、蘋果、菠蘿、橙子洗淨去皮去籽切成小塊一起放進果汁機中攪拌均勻加蜂蜜即可飲用。

功效：生菜含有維生素和礦物質鈣、鎂、鉀等營養成分能滋潤皮膚，幫助血液淨化，消腫，小白菜具有清熱解煩、利尿解毒的功效，菠蘿含有菠蘿素能分解蛋白質，幫助消化，對身體具有很好的清潔作用，多種果樹配成汁，有助於潤腸通便，促進新陳代謝，清除體內毒素，加強了瘦身養顏的功效。

2. 涼拌黃瓜

材料：黃瓜、鹽、花椒、豆瓣醬、白糖、香油。

作法：1.小黃瓜洗淨，切滾刀塊，裝碗。

2.撒入鹽拌勻，醃漬20分鐘。
3.將小黃瓜沖洗一下放入大碗裏，所有純汁混合攪拌均勻。

減肥功效：黃瓜性涼味甘，具有清熱解毒、利水消腫、止渴生津的功效，並且加速新陳代謝，對減肥很有利。

3. 三鮮白蘿蔔絲

材料：白蘿蔔、綠豆芽、鹽、蔥絲、香油。

作法：1.材料洗淨，白蘿卜削皮、切成塊，豆芽煮熟。
2.將菜絲用鹽碼十分鐘，放入香油，醋，薑和蔥。
3.攪拌均勻後，即可食用。

減肥功效：白蘿蔔有非常好的降脂作用，是不錯的減肥食品。如果每天吃白蘿蔔，堅持一個月，大多數人血液中的低密度脂蛋白膽固醇會降低，從而防止肥胖。

4. 麥片玉米羹

這是以玉米為主的健康營養餐，玉米羹做法方便簡單。

玉米含有大量膳食纖維，是粗糧中的保健佳品，對促進人體消化頗為有利。玉米更是瘦身主食，營養豐富，有身體比較不容易吸收的糖原，很利於減肥。

材料：玉米粉2匙、牛奶1匙、麥片1匙。

做法：將材料用開水沖飲即可，如果覺得不夠飽，可以前一天晚上煮好一根鮮玉米，第二天早上微波一下，配玉米羹。

5. 玉米麵糊

材料：玉米麵粉200克，冬瓜80克，花生米30克，瘦肉40克，紅薯30克。雞蛋，蔥花依據個人喜好添加。

做法：1.玉米麵粉加入涼水攪開至沒有疙瘩才可。

2.燒好開水，將玉米麵倒入，把冬瓜、紅薯、瘦肉切成粒，花生米稍微搗碎、放進去，撒上鹽，小火煮10～15分鐘。

3.再打一個雞蛋攪散成蛋花。出鍋前撒一點兒蔥花。

6. 核桃松仁玉米羹

材料：核桃仁、松仁、玉米各100克。冰糖、高湯、沙拉油各適量。

做法：1.核桃仁、松仁一起用油炸熟。

2.取適量高湯，加入冰糖和粟米，小火燉熟後撒上核桃仁和松仁。

7.香蘋雞柳沙拉

材料（1人份）：雞胸肉1片（約250公克）、雞蛋1顆、沙拉菜1/2顆、蘋果1/2顆、腰果2大匙。

醬汁調料：植物油1/2小匙、米酒1/2小匙、鹽1/2小匙、芥末醬1小匙、蜂蜜1小匙、胡椒鹽1/4小匙。

作法：
1.雞胸肉先以雞蛋、植物油、米酒、鹽醃15分鐘。
2.再放進烤箱，以250度烤20分鐘直至肉熟、香氣飄出。
3.雞肉放涼後切長條、沙拉菜切段、蘋果切大塊，放入大碗中。
4.淋上芥末醬、蜂蜜、胡椒鹽，再撒上腰果。

8.三色雞絲沙拉

材料（1人份）：雞胸肉100公克、米酒1/2小匙、洋菜條1/4條、小黃瓜1/2條、紅蘿蔔1/4根、洋蔥1/8顆。

醬汁調料：橄欖油1/2大匙、淡醬油1大匙、海鹽1/4小匙、黑醋1/2大匙、白芝麻1/2小匙。

做法：1.雞胸肉淋上米酒抹勻後，放進電鍋以半杯水蒸熟，放涼後用手撕成雞絲。
2.洋菜條切成5公分長段，放入熱開水中泡開，直到變軟呈半透明。
3.小黃瓜及紅蘿蔔洗淨，瀝幹後刨成細絲；洋蔥洗淨後切成細末。
4.將橄欖油、淡醬油、海鹽及黑醋拌勻，即成醬汁。
5.取一碗，放入雞絲、洋菜條、小黃瓜及紅蘿蔔絲，再撒上白芝麻，即可搭配醬汁食用。

9. 瘦小腹料理

材料：波菜、蘋果、鳳梨、梅子粉

作法：1.先把波菜燙一燙。後切成一小段一小段。
2.蘋果去籽，但不去皮，切成一小片一小片。
3.鳳梨切成一小塊一小塊。
4.將波菜、蘋果、鳳梨丟入果汁機加一些些水後打成汁後加入少許梅子粉。及可飲用。

10. 瘦上腹料理

材料：白木耳、黑木耳、大蒜泥、醬油、香菜作法：先將白木耳、黑木耳煮熟，再將大蒜泥、醬油、香菜加入白木耳、黑木耳拌均勻後便可食用。

11. 高纖減肥料理

材料：香菇、豆芽菜、雞胸肉、高纖粉（可用鮮魚粉、柴魚粉代替）

作法：1. 先將香菇泡水。
2. 將香菇、豆芽菜、雞胸肉丟入鍋子中煮沸後再加入高纖粉（可用鮮魚粉、柴魚粉代替）即可食用。

12. 消脂菜湯

材料：瘦肉八片、紹菜一顆、洋葱一個、番茄一個、紅蘿蔔三條。

做法：將所有材料洗淨切件、用大火煲滾後轉慢火煲約一小時，以適量鹽、雞粉及胡椒粉調味即成。

PART 6

讓你恍然大悟的
酵素真相

酵素與我們日常生活相關，
只不過很少被討論注意；
事實上酵素廣泛用在醫學、食品、
工業、農業及環保領域。

酵素，讓食品更具機能

食品產業自古以來就是利用微生物的生物產業，早期的釀造工廠是以自然界微生物來進行發酵食品的製造，隨著技術的進步，微生物純化技術也逐漸發達起來。這一時期是人類利用微生物研究的開始。

到了二十世紀後，酒精發酵、丙酮、丁醇發酵、檸檬酸發酵等技術逐漸確立，也奠定了發酵工業的基礎，一九四〇年又有抗生素的發酵生產，而一九五〇基酸發酵、核酸發酵有了突破性進展。

酵素的利用是偶然機會使用了動、植物酵素之後而開端的。例如：將牛乳與小牛第四胃（一說是羊）放在一起搬運，發現有凝固現象，因而產生了乾酪工業，以及以麥芽製造水飴等，利用動植物酵素的情況很多。接著開始尋求與製造酪相同作用的凝乳酶（Rennet），以及可將澱粉水解成葡萄糖、水飴等的澱粉酶Amylase）生產細菌與黴菌。而後，酵素利用逐漸由動植物來源轉向微生物（細菌、黴菌），一直延續至今。

到了一九六〇，一直被視爲基礎研究的固定化酵素與固定化微生物開始工業化。如以胺基醯化酶（Amino acylase）來生產L—型胺基酸（L-aminoacid），以「固定化菌體」來連續生產果糖等糖漿最具代表性。

糖質加工，低熱量高機能

地球上代表性的碳水化合物有澱粉及纖維素。糖質相關酵素的利用目的可分爲：將這些原料賦予高附加價值或機能性，或者是將原料以省能源方式進行分解利用，微生物及酵素的反應可將這些碳水化合物有效變換。

糖質相關酵素反應中，以製造甜味料的酵素用量較多。尤其在最近幾年，消費者逐漸趨向喜好砂糖以外的甜味料，這些新甜味料具有低熱值、不造成蛀牙、促進腸內有益細菌生長等特性。生產這些機能性甜味食品也就成爲糖質分解相關酵素的主要用途了。

蛋白酶應用，跟現代生活息息相關

蛋白質語自古希臘文，意爲「最重要的物質」。而與這種生物體最重要的蛋白質分解有關的蛋白質分解酵素研究，對於生命現象的解明與酵素化學的發展均有極大貢獻。在生物技術的領域中，除了食品用蛋白質分解酵素之外，鹼性蛋白酶亦大量用在清潔劑方面。

(1) 木瓜蛋白酶

由木瓜果實所分離的木瓜蛋白酶屬於植物來源酵素，爲肉品軟化、啤酒冷卻時防止混濁等目的，所使用的蛋白質分解酵素。肉品嫩化情況時，可將木瓜蛋白酶液緩慢注入牛或羊的頸部靜脈，注射後十~十五分鐘再放血屠殺。由於木瓜蛋白酶幾乎無法對生肉作用，因此對於熱安定性高的料理之蛋白質部分，可在烹調初期進行肉品軟化。

(2) 醬油、味噌製造與蛋白酶

傳統食品如醬油、味噌的製造是食品生物技術最早的產品之一。由調理觀點來看的話，大豆及小麥都是難以消化的穀類，經過發酵後卻能得到優良的發酵食品，可說是酵素在食品工業上的高度發揮。這些加工原料經由Asp. sojae或是Asp. oryzae製成麴（koji）成過程中，鹼性與中性蛋白酶將高分子化合物轉爲低分子物質。這些蛋白酶進一步被分解成麩酸或其他胺基酸鮮味成分。

這些製造技術並非利用所分離的酵素，而是以麴的方式來使用。麴除了可產生蛋白酶之外，還能分泌澱粉酶、多胜酶、纖維素酶、半纖維素酶等複合酵素系，可說是能夠對原料水解的優良酵素源。

(3) 調味料與蛋白質分解酵素

蛋白質部分水解物的多胜呈現各種酸味、苦味及甜味等是早已知道的現象，而這與多胜的構造是有關聯的。這些多胜存在於發酵食品中表現出特有的風味來。

蛋白質受到酵素分解時，大多數會生成含有苦味之多胜。這可能導因於白胺酸、異白胺酸、纈胺酸、苯丙胺酸等疏水性胺基酸。這些胺基酸若出現在C末端則會使得苦味增強。利用羧肽酶（Carboxypeptidase）將這些胺基酸切離的話苦味就會消失。若將酵素與原料做各種搭配組合的話，可以得到各種不同風味的多胜，能應用到調味料的製造。如：以脫脂大豆為原料，用*Bacillus natto*的鹼性蛋白酶反應後，調節pH，在適當條件下加入*Streptomyces peptidofaciens*的多胜酶，可將原料大豆百分之九十以上轉成調味液，具有高鮮風味。原料則可使用鳥肉、魚肉或是肉、魚加工廠的煮汁等。

(4) 乾酪與蛋白酶

牛乳的酪蛋白在小牛第四胃中之凝乳酶的作用下，能將蛋白質凝固，經熟成後得到乾酪。乾酪的製法是先將牛乳殺菌，冷卻後加入乳酸菌菌母，進行乳酸發酵，待酸度增高後添加「凝乳酶」，使酪蛋白凝固。

具有凝乳作用的酵素叫「凝乳酶」，此酵素可以分解乳蛋白中的Kappa-酪蛋白，使得酪蛋白膠囊（Micella）失去保護作用，在鈣離子存在下形成凝集狀。

由於全世界乾酪需求量增加，小牛第四胃來源的酵素劑之生產供不應求，因此，由微生物中探求與凝乳酶基質特異性相近的蛋白酶的研究亦積極進行。

微生物來源的「凝乳酶」在製造乾酪時，有時會由酪蛋白生成苦味多胜，使得成品品質低下。近年來利用重組DNA技術已經使得動物凝乳酶可以在微生物中生合成，將來若能大量生產使用，則是食品生物技術一項突破。

(5) 啤酒與蛋白酶

啤酒在冷卻時常有混濁現象發生，為了防止這一現象，可以使用少量的木瓜蛋白酶、無花果蛋白酶及鳳梨蛋白酶。這些酵素可分解混濁狀蛋白質，以避免冷卻混濁現象，並且與啤酒開瓶之「噴出」現象有關。通常啤酒在瓶蓋打開的瞬間會有啤酒泡沫大量噴出，而這是由於附著在原料大麥的黴菌代謝產物所引起的，這些產物是一種環狀的四胜，而為了預防冷卻產生混濁沉澱所添加的木瓜蛋白酶也有分解這類化合物的作用。

有了「脂肪酶」，食物更飄香

脂質是生物體內重要能源蓄存體，扮演著生體膜組成分重要角色，應用在食品加工領域的脂質相關酵素並不很多，主要是以脂肪酶及脂肪氧合酶（Lipoxygenase）爲主要對象。

脂肪酶在食品加工上之利用是在增強香氣，最近也用在脂肪酸酯類交換反應之研究。

乳脂肪經由「脂肪酶」的作用可得到乾酪或奶油的香氣很早就被發現。過去是利用動物來源的脂肪酶，但最近利用「黴菌酵素」也可得到義大利乾酪的香氣。而這些脂肪酶也可應用到調製合成乾酪或奶油香氣方面。

脂肪酶也可用在脂肪酸與乙醇之酯化合成反應上。與化學反應相較，具有在溫和條件下進行之特點。

清潔用品，因爲酵素更安心

日常生活中常聽到酵素洗衣粉、清潔劑、牙膏中也添加酵素，最主要是藉由酵素分解能力，去除衣物或口腔中污垢、殘渣等。

酵素清潔劑

一八九〇年酵素開始大量使用於工業上，當時係將眞菌細胞抽出液加入發酵醪中，藉以使澱粉加速分解成糖。目前大規模生產之四種酵素爲：蛋白質分解酵素（protease），澱粉糖化酵素（glucoamylase），α—澱粉液化酵素（α-amylase）及葡萄糖異構酶（glucose isomerase）。

蛋白質分解酵素，主要用在洗劑之洗淨助劑。用在清潔劑的蛋白酶必須具有下列性質：

- 在鹼性溶液中安定，反應性高。
- 由於造成污垢的蛋白質有來自人體，也有食品的成分，因此基質專一性範圍較廣的酵素較爲有利。
- 攝氏五十度以上的溫度下仍保持安定。
- 清潔劑中保持安定，沒有病原微生物。

具有這些特性的酵素中，以*Bacillus subtilis*的耐鹼性蛋白酶最爲普通。此外，「澱粉酶」及「脂肪酶」等酵素的共同作用可以發揮潔淨效果。而最近更添加「纖維素酶」，使得與纖維的纖維素相結合的污垢能夠分離去除。

隱形眼鏡酵素清潔產品

眼睛分泌物（眼淚、眼屎）的蛋白質會附著在鏡片表面，形成堅固的沉積物。如此一來，不但會影響隱形眼鏡的透明程度，也有可能刮傷佩戴者的眼角膜。

酵素能夠破壞蛋白質的結構，使其不易附著在鏡片表面；所以，鬆脫的蛋白質沉積物就容易被生理食鹽水沖落鏡片了。一般而言，每週最好至少使用一次酵素清潔片。但是眼部分泌物較多的人，每週至少要使用兩次，才能有效避免蛋白質的沉積。

隱形眼鏡酵素主要含有木瓜酵素、耐熱酵素（thermolysin）、枯草菌酵素（subtilisin）及胰臟酵素（pancreatic enzyme）。

入浴與除臭用酵素

近年來所流行的洗澡時添加到水中的化學物質有「入浴用酵素」、「溫泉粉」等。事實上這是利用酵素分解皮膚表層污垢，使皮膚細胞恢復活力、促進新陳代謝的原理。

另外也有一些除臭產品是屬於生物技術生產的利用微生物及酵素達到分解臭味物質的目的，芳香劑的香氣發散亦與酵素有關。構成芳香劑主成分的香精是以液態方式結合糖分子，是不具香味的，但使用時經過塗有水解酵素紙之後，因水解而發出香味來。此原理與花朵香味相同，花朵香味也是酵素反應的結果。

粉末狀酵素產品入浴劑

其他，你不知道的酵素現象

酵素廣泛用在日常生活，只是大家沒有察覺而已，以下是幾個例子：

1. 螢火蟲發光與酵素

夏夜的螢火蟲，一閃一滅的光是令人暇想的，使人深深感到生命的神秘。若以科學的角度來解釋它，或許就完全沒有神秘感；因爲螢火蟲的光可以說是細胞中物質產生了化學變化的結果。螢火蟲尾部發光是因其體內酵素作用的關係，此種酵素，我們稱爲螢光素，和ATP（身體內含有能量物質）共同合作發出光來的。分離這種擁有螢光素的遺傳，再轉入其他生物，這新的生物因得到螢光素的遺傳基因亦具有發光能力。可以用在醫療診所用途上。

2. 喝牛乳與腹瀉

有些人喝牛乳後拉肚子，這種人的體質爲乳糖不適應者。牛乳中含有乳糖（lactose），而人的消化道中含有分解乳糖的酵素—乳糖酶（lactase），但隨著年齡增加酵素量會減少，而且依人種及個人體質差異酵素量也不一，若乳糖沒消化吸收，則會妨礙水及鹽分吸收，就造成腹瀉。所以目前市面上有低乳糖鮮乳產品，就是廠商已事先將牛乳中乳糖分解，以避免喝了拉肚子。

3. 紅麴與酵素

紅糟肉是以紅糟所製成的，紅糟則是用一種黴菌，稱之爲紅麴菌（*Monascus anka*）所製造的。紅麴菌曾被用來製造紅露酒，過去有些人每天飲用紅露酒，壽命都很長，後來經過科學探討才知道紅露酒與酵素的關係。

紅麴菌會分泌一種酵素抑制劑物質，叫做「monacolin K」。這種物質可以讓生合成膽固醇的酵素中的一種H MG-COA還原酶失去功能，也就是膽固醇生成量會大爲減低，當然可以減少心血管疾病。傳統上，以往中國人認爲紅麴可以補血，其原因是與酵素有關。

臨床醫學酵素，人人須知

酵素廣泛用在醫學領域，由檢驗偵測到治療均與酵素有關，許多疾病也是因爲酵素缺乏而引起。

蠶豆症與酵素的關係

到醫院看病時有些醫師會詢問吃蠶豆會不會過敏，這是一種遺傳性疾病。葡萄糖－6－磷酸去氫酶（G6PD deficiency），俗稱蠶豆症，此酵素之基因位於X染色體上，是一性聯遺傳的疾病。統計顯示，台灣每百名男性新生兒中，就有三人具有蠶豆症體質。這類病人在接觸某些藥物或感染時，易引起溶血、黑尿、鞏膜黃膽等現象。但患者之臨床表現（含預後）非常不一致，國內外專家學者都一致認定此種缺乏症其臨床表現與導致此病之分子缺損不一樣有關。

是否患有蠶豆症，可直接檢驗紅血球的葡糖糖－6－磷酸去氫酶的活性得知，但此檢驗並不能檢查出婦女是否爲隱性帶基因者，基因型的檢查或有生過蠶豆症的小孩才會知道自己爲隱性帶因者。婦女若確定自己是隱性帶基因者，在懷孕時應該避免食用溶血性的物質，不然所懷的男性胎兒會有一半的機會爲蠶豆症體質。

肝功能指標酵素：GOT與GPT

GOT（glutamic oxaloacetic transaminase）及GPT（glutamic pyruvic transaminase）是人體內各種臟器（如：肝臟、心臟、肌肉……）細胞內的重要酵素，用來參與體內重要胺基酸的合成。正常情況下，這兩個酵素在血清內維持穩定的低量，其正常值的高低依各個實驗室的標準而略有不同，但一般說來都在四十單位（U）／公升以下。當這些臟器的細胞發炎時，由於細胞通透性改變，或者細胞本身的破壞，就會使血清中的GOT、GPT增加。

GOT、GPT是肝細胞裡面最多的酵素，如果肝臟發炎，或者是不管什麼原因細胞壞死，壞死之後，GOT、GPT會跑出來，導致血液裡面的GOT、GPT數值升高；但是，GOT、GPT指數不高，卻不代表病人沒有肝硬化或肝癌。因爲形成肝硬化的時候，就算大部分肝炎患者發炎情形都已經停止了，可是纖維化、肝硬化卻已經形成；一旦變成肝硬化，病人就很容易形成肝癌。

另外，肝癌在早期，肝指數也不會高，因爲肝癌在生長的時候，只有在肝癌周圍被肝癌壓迫侵犯的肝細胞才會壞死，因此，GOT、GPT仍可能是正常的，即使會升高，也不會太高；但是，由於很多人缺乏這些知識，因此造成不幸悲劇。所以，GOT及GPT檢驗數值只能做爲參考，並非絕對的指標。

溶解血栓酵素

心血管疾病名列死亡原因前幾名，而血管被凝固血液堵塞，就產生血栓。所謂「血栓」，乃是由血液中過剩的血纖維原（fbrinogen，一種蛋白質）以及使血小板與血液凝固的酵素所形成。健康的人體內也製造這種血栓，它具有修復受傷血管以及止血的功能。不過，一旦製造血栓與溶解血栓的平衡性崩潰時，就會有多餘的血栓出現，並且引起種種的問題。

如果血栓現象發生於心臟冠狀動脈的話，將引起心肌梗塞；假如發生於腦動脈的話，將引起腦梗塞，可以說非常的危險。又如腦內的微細血管被堵住的話，

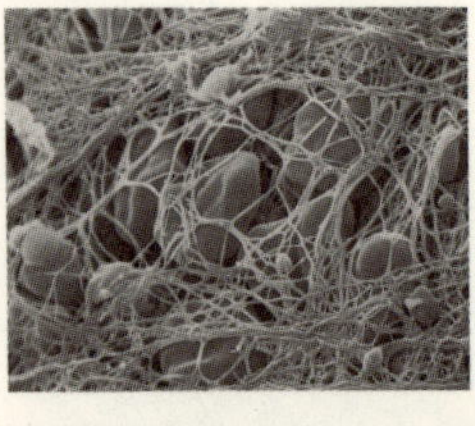

血栓顯微鏡圖

將導致老人性痴呆的原因。根據最新的研究發現，引起眼底出血的視網膜中心靜脈閉塞症或痔瘡等的原因也在於血栓。以上總稱爲血栓性疾病。

分解血管栓塞主因的血栓，臨床上常用的是一種酵素，叫尿激酶，或稱尿激素。從人尿中抽取出醣蛋白質即可得尿激酶。此物原本爲泌尿道上皮組織細胞，剝落後即隨尿液排出體外；所以有所謂「喝尿健康法」，經常喝尿的人，即可以自然再吸收這些浪費掉的上皮組織細胞，而改善各種血栓所造成的疾病，如腦血管栓塞、血栓靜脈炎、心肌梗塞、肺栓塞，或急性腦栓塞、視網膜中央靜脈血栓等症。

由於尿激酶有良好的溶解血管栓塞作用，因此冠心症病人發生心肌梗塞時，緊急使用尿激素製劑可以有效溶解栓塞，尤其是營養心肌的微小血管，促進微血管之血液循環，使心肌迅速獲得新鮮血液供應，進而改善和縮小心肌梗塞的範圍，至少可避免立即死亡。所以，心肌梗塞急性發作，臨時又找不到合適的醫院或治療藥物時，趕快給他喝一杯尿可以救急。唯一美中不足的是，尿激酶的含量不多，通常一百西西正常尿液中，大約只能提煉一百毫克。

一九七○者曾研究尿激酶的研發工作，並順利商品化，也因爲此項發明，在一九八一年獲得教育部科技發明獎章。可惜由於文明與科技的進步，目前由遺傳工程及組織培養技術所生產的組織胞漿素原活化劑（tissue plasminogen activator，TPA）已取代尿激酶了。

近年來所流行的「納豆健康法」，也是基於納豆食品中含有納豆激酶也具溶化血栓功能。

威而鋼與酵素

威而鋼是全球知名度最高藥物，威而鋼可以大大增強男性陰莖勃起與持續的用途，可說人盡皆知。勃起現象是海綿體組織充血而膨脹。人受到性刺激後，性器官神經或血管的內皮細胞釋放出一氧化氮，後者進入平滑肌，活化鳥　酸環化酶，製造環鳥昔酸（CGMP），令肌肉排出或隔離鈣離子而舒張。

所以環鳥苷酸的濃度增高時，對肌肉的活動產生影響，血液湧進該處組織的血管便容易得多了。換句話說，能保持高濃度環鳥苷酸的組織，會一直呈現充血狀態。正常身體機能，是不允許這狀態持續下去的，消除肌肉舒張，該組織會運用一種磷酸二酯酶（phosphodiesterase，PDE）去催化環鳥苷酸的迅速水解。

威而鋼利用酵素原理作用

正常的陰莖勃起的時間不會太久，正是磷酸二酯酶的運作結果。

威而鋼的強化勃起功能，起自對抗磷酸二酯酶，陽萎的人，產生環鳥苷酸不足，所以陰莖海綿體產生的少量環鳥苷酸很快被PDE分解，對平滑肌無法起鬆弛作用。陰莖舉而不堅，則是因爲勉強發揮功能，未達顛峰即全被分解潰散。威而鋼可以阻止PDE分解，使後者以微量存在的情況下仍顯效果。

醫藥用酵素製劑一覽表

1. Alpha-Chymotrypsin Delta-Chymotrypsin

成分：每錠含五千、八千五百、一萬、四萬單位。注射劑每Amp或Vial含二千、五千單位。

用途：緩解急、慢性炎症，慢性支氣管炎，血栓靜脈炎，關節炎，血腫褥瘡，捻挫炎症，手術後及外傷腫脹之緩解。

Alphintern（Leurquine）

成分：每錠含Alpha-Chymotrypsin 3毫克、Trypsin 10毫克。

用途：手術後或外傷腫脹之緩解。

2. Bromelain（鳳梨酵素）

成分：每錠含一萬、一萬二千、二萬五千、五萬單位。

用途：手術後及外傷後腫脹之緩解，副鼻腔炎，乳房鬱積，呼吸器疾患伴隨咳痰咳出困難，氣管內麻醉後之咳痰咳出困難，痔核。

副作用：1. 過敏症：發疹、發炎。

2. 消化器：下痢，便秘，食欲不振，胃部不快感，噁心，嘔吐。

3. 血液：血痰。

交互作用：與抗凝血劑併用，抗凝血劑之作用增強。

3. Catatase

成分：注射劑每小瓶（2毫升）含二萬五千單位。

用途：關節炎。

用法用量：

・注射：肌注，每天或隔天二萬五千U使用一個月。

4. Chimofarm

成分：注射劑每Amp含Trypsin 2毫克，Chymotrypsin 2毫克。

用途：消炎，消腫。

5. Chymopapaine

成分：注射劑每小瓶含12.5NKATU。

用途：腰椎盤脫出症。

6. Chymoser Balsamic

成分：每錠含Chymotrypsin一千七百Anson PR，Trypsin一千一百Anson PR，Guaiacol Potassium Sulfonate 50毫克，Sodium \ enzoate 25毫克，Terpin Hydrate 50毫克，Guaiacol Glyceryl Ether 50毫克。

用途：支氣管炎，咽頭炎，氣管炎，肋膜炎等之緩解。

7. Dseoxyribonuclease Pancreatic

成分：注射劑每小瓶含二十五萬、一百萬單位。

用途：下列諸症所引起之發炎，腫脹，滲出以及化膿等症狀之緩解：支氣管炎、肺炎、慢性支氣管氣喘，支氣管擴張症，乳房膿瘍，胸膜炎，膿胸，肺膿瘍，氣管縫合術後，竇炎，挫傷，潰瘍及伴有化膿，發炎，腫脹之外科病症。

用法用量：

・注射：肌注，隔天一次，每次一百萬U。緊急時靜注。

8. Hyaluronidase（玻尿酸酶）

成分：注射劑每Amp含二百單位。

作用機轉：水解玻尿酸，促進擴散因而吸收滲出物、炎性滲出物和注射的液體。

用途：增加擴散和吸收其他注射藥物；皮下灌注法，皮下的尿路X光照像輔助劑，改善吸收不透射線物質。

用法用量：

・注射：吸收和擴散注射藥物：加一百五十U到其他藥物溶液中。

・皮下灌注法：加一百五十U到灌入液或灌注前先以皮下注射。

・皮下尿路X光照像：患者伏臥，皮下注射七十五U到各個肩胛骨。

・禁忌症：注射到發炎、感染或癌症部位及周圍，充血性心臟衰竭，低蛋白血症。

副作用： 1. 過敏。

2. 投與部位：發紅，浮腫，疼痛，過度水化。

醫護要項：

1. 應先做初步的皮膚敏感試驗，皮下注射約〇・〇二毫升之一五〇單位/毫升溶液（3單位），陽性反應為在五分鐘內有條痕和局部搔癢，持續約二十~三十分，陰性反應只有皮膚發紅。
2. 加本劑到皮下灌注法，因其加速水的吸收會促進過度水化，輸液之流速必須由醫師處方，應仔細監測患者。
3. 當用做增加藥物之擴散時應記住會增加吸收，因而必須注意不良反應的發生，且藥物作用的持續時間縮短。
4. 親水劑型在溶液中不安定，因此在使用前以氯化鈉注射液重新調配（通常比率為1ml/150單位hyaluronidase）。
5. 本劑貯存在攝氏二~八度時可保持安定性三個月，請教藥師。

9. Kimose

成分：每錠含Bromelian 50毫克（二萬單位，Crytalline Trypsin 1毫克（二千五百單位）。

用途：捻挫，紅腫，骨折，乳房炎，乳房鬱積，血栓症等諸炎症症狀（腫脹，疼痛，發紅）之緩解。

用法用量：

・口服：初劑量——每日四次，每次2錠；維持量——每日四次，每次1錠。

10. Lysozyme Chloride

成分：每錠含10、30、90、100、25毫克。

作用：抗炎症作用，出血抑制作用，咳痰咳出，膿黏液分泌作用。

用途：慢性副鼻腔炎，伴隨呼吸疾患之咳痰咳出困難，小手術時之術中術後出血。

副作用：

1. 休克。
2. 過敏症：發疹，發赤。
3. 消化器：下痢，食欲不振，胃部不快感，噁心，嘔吐，口內炎。

11. Protease

成分：每膠囊含一萬五千mup。

用途：副鼻竇炎及副鼻竇炎手術後之治療。

用法用量：

・口服：一天三次，每次一粒。

12. Seaprose S

成分：每錠或膠囊含5毫克、10毫克、15毫克。顆粒每顆含（100,85,0）gm含10毫克。

用途：緩解手術後及外傷後之腫脹，副鼻竇炎，呼吸器疾患伴隨之咳痰困難，氣管內麻醉後之咳痰困難，痔核。

用法用量：

・口服：一天三～四次，每次10～15毫克。

副作用：

1. 過敏症：發疹，發炎。
2. 消化器：食欲不振，胃部不快感，噁心，嘔吐，下痢，胃痛。

3. 血液：血痰。

交互作用：與抗凝血劑併用，抗凝血劑之作用增強。

13. Serratiopeptidase

成分：每錠含5毫克、10毫克。

用途：手術後及外傷後之消炎；下列疾患之齒周炎：齒槽膿瘍；下列疾患之咳痰咳出不全：支氣管炎，肺結核，支氣管氣喘；麻醉後之咳痰咳出不全。

用法用量：

・口服：一天三次，每次15～30毫克。

副作用：

1. 過敏症：發疹，發赤。
2. 消化器：下痢，食欲不振，胃部不快感，噁心，嘔吐。
3. 血液：鼻出血，血痰等出血傾向。

交互作用：

・與抗凝血劑併用會增強抗凝血劑之作用。

14. Varidase

成分：每錠含Streptokinase一萬單位、Streptodornase一千五百單位。肌注劑每毫升含Streptokinase一萬、Streptodornase一千五百單位。外用注入劑每Vial含Streptokinase十萬單位、Streptodornase一萬五千單位。

用途：

・口服、肌注：膿腫，血腫，各種外傷，骨折，拔牙及外科手術後之腫脹。

・外用注入劑：適用於潰瘍、創傷、化膿、燙傷及燒傷之清洗排除並可局部注入，用於血胸、膿胸、關節化膿之清洗排除或膀胱內凝血之溶解及呼吸道化痰，幫助痰之咳出。

用法用量：

・口服：一天四次，每次1錠。

・注射：肌注，每天二次，每次0.5毫升。

・外用注入劑：用於外傷創口之清洗，溶於20毫升之注射用水或生理食鹽水，浸濕敷料敷於傷口，每天換洗兩次。若局部注入用，則溶於10毫升注射用水或生理食鹽水。

PART 7

酵素簡單做，擊退罹癌與疲勞

工業上所使用的酵素可由蔬果中抽取，
發酵而製得，全方位的綜合酵素產品，
應是能分解蛋白質、醣類、脂肪三大營養素的酵素，
最好還含有其他酵素（例如抗氧化酵素），
對於一般人保健而言才是最佳的選擇。
目前在市面上有許多液態的綜合植物、
蔬果酵素產品，不僅使用方便，也十分符合食補、
食療的精神，相當受歡迎。
另外，酵素也可自製，
本章將公開天然酵素自製的祕方。

工業生產酵素，基因工程是主流

應用於工業製程及產品上之酵素爲工業酵素，其應用特點爲操作規模大，品質不需太精純，使用範圍廣。百分之八十的工業酵素由土壤裡的微生物而來，而單一種微生物內即可能含有超過一千多種的酵素，需要經過特別方法來篩選出最合適的微生物。幾個世紀以來，酵素早已以工業規模生產，應用在釀造、烘焙、醫藥方面，製造技術也愈來愈精巧複雜。傳統上酵素生產包括如下步驟：由自然界篩選需要的菌株，進一步藉由人工突變產生的方式改良菌種，以增加酵素單位產量、純度；找尋適宜菌體生長及酵素生長及酵素生產的培養基與培養環境，並利用改良過菌株以發酵法來大量生產，最後經迴離心或過濾等程序去除菌體和殘渣，再以澄清、濃縮、穩定菌液的方法以製備酵素。

重組DNA，酵素更環保

近年來生物技術的發展日新月異，逐漸發展出以基因工程菌種發酵方法，製備大量酵素來供應新的工業製程所需，目前百分之七十以上之酵素屬於基因工程產品。藉著重組DNA的技術，可以在不同菌體內轉移基因使其表現，也可以改變酵素原有的特性；許多具工業價值的酵素會分泌於培養基中，這些細胞外酵素的回收純化手續較爲簡單，因此可利用基因重組方法使酵素分泌至細胞外，便於回收。

此外，現代化的新製程可以促進原料的利用率及產品生產率；以高密度發酵法生產酵素，利用酵素固定化技術延長酵素使用期限，這些研究可以製造出高純度、甚至於以噸計量的酵素，被視爲近代生物技術工業重要的一環。各種產業引進品質優良與價位低廉的酵素產品之後，可以增進產能，避免繁瑣與污染的製程，改善酵素生產環境，並更進一步保護地球這個大環境。

七大法則，讓你選對酵素

目前市面上所販售食品級酵素產品幾乎來自植物，由動物萃取或微生物發酵者大部分是藥品級，非處分藥較有名者是幫助消化的takadiastase。

來自動物，商品化的酵素，有：胰蛋白酶（pancreatin）及胃蛋白酶（pepsin）。一旦食物抵達胃的底部及小腸，這些補充品能幫助消化。

一般市售酵素選擇法則如下：

1. 取得國家單位衛生署通過核可。
2. 由合法專業酵素工廠生產。
3. 具高度活性，在加工製程階段不超過攝氏四十度的環境下完成。
4. 活性穩定，以生化科技進行保護，不易受外界環境影響。
5. 在人體胃液酸性環境下，保持較長時間之活性。
6. 可同時與其他天然抗氧化之活性物質結合，並受到保護及提高功效。
7. 受生化科技進行保護，可於貯藏期間活性之保存較佳。

優質的酵素來自原料素材的多樣性、均衡性，以及發酵技術的嚴整性、有效性。特別注重一貫作業中之各個環節，其過程雖綿密繁複，但也缺一不可。然而，有些品牌的酵素，雖美其名爲「酵素」，實乃數種物質之混合液。有醋製品添加甜味劑、香料者；亦有水果汁液與酸劑、中藥之混合者；亦有水果醋與膠狀物之黏稠性結合體者。

若是無法從原料中粹取酵素，或是不曾經發酵過程中獲得微生物酵素，那麼這些「混合液」往往只不過是醋或果汁之衍生物罷了！

選擇「優質酵素」的應有條件：

1. 優良發酵技術成熟穩定爲先決條件
2. 原料種類要多，且爲無農藥、零污染的蔬果植物，再加上溫和性的漢方本草效果會更好。
3. 原物料還需考量其搭配特質。
4. 完善的封存方式。
5. 製造過程保留原物料原有富含的均衡完整營養素，及純植物綜合酵素的高活性。

6. 其中富有高含量天然發酵釀造的ＳＯＤ（超氧化物歧化酶）、抗氧化的酵素。

7. 完全天然植物萃取的純良質酵素，而非添加或合成的酵素製品。

從外觀上太過於明顯混濁且顏色深暗者、太過於黏稠者，皆不是優質的酵素。

酵素的口感好壞如何判斷？

劣質的酵素：

a. 有嗆鼻味者、有明顯醋酸味道者。

b. 有酒氣味道者。

c. 有調味料口感者。

天然酵素DIY，安心又方便

筆者曾在二〇〇九年出版酵素專書，教導如何在家自製酵素，沒想到卻蔚爲風潮，成爲台灣近年來養生新趨勢。有一些生化營養界的同行很不以爲然，認爲所製作出的物質並非酵素，而只是過期的果汁而已；更有企業界人士參觀過生產工廠後覺得太過於簡單粗糙，不值得投資，其實這些觀點都是誤解了酵素，其實酵素是一門很深的學問，稱爲酵素學（Enzymology）。

DIY由蔬果中所抽取的酵素成份主要是果汁，但由於經由發酵程序所以也有微生物菌體與酵素，說是過期的果汁是言過其實。但在此必需提醒的是：自製酵素與優格、酸奶一樣，製作涉及專業，萬一製作過程有雜菌污染而有害身體則得不償失！所以仍以購買專業人士與公司生產的爲上策。

酵素可以自行製作，做酵素的材料要新鮮，而且要提早兩天買回來洗乾淨，自然晾乾，但不要放進冰箱。所用的砧板、刀和玻璃瓶一定要做酵素專用的，用前洗乾淨，抹到很乾，千萬不要沾到水分或油。在切水果或蔬菜時要淨心，將身體能量提升，以正向能量心情製作，幾個人一起做酵素，會因每個人不同的心情，影響酵素產生不同的效果。

製作時最好加入發酵用菌種，如：活性酵母粉、優格發酵用乳酸菌等；或者加入純釀造醋以替代。每次製作後的渣亦可保留一部分當下次種菌使用，製作過程剛開始發酵的前四、五天，最上面一層會有白色泡沫，也可能有黑點，黑點是黴菌要拿掉，否則會使酵素變壞。

玻璃瓶內的材料裝八分滿就夠了。開始發酵的前四、五天，瓶蓋不要蓋緊，這些做法都是爲了讓發酵的氣體逸出，否則可能會「爆蓋」。可以用布蓋住瓶蓋，儘量避免受到外在的污染。過了四、五天打開蓋子來看，注意有沒有黑點，有沒有蒼蠅卵在瓶蓋內等，如果沒有任何問題，才把蓋子轉緊，外面用紗布包住，再放三十到四十天，就可食用。

製作時原則上不宜加水，才能作出濃純酵素液，加水發酵製作亦可，但除非發酵完全，否則品質較差；加水製作酵素情況，會有大量氣體冒出，甚至將瓶上塑膠布都凸出鼓起。

酵素置於陰涼處，不可放進冰箱，以免沾到寒氣和水分，會發霉。

酵素製作完成後可經常飲用，不限每天次數，腸胃好的人可在空腹喝（效果最佳），若腸胃較弱可在飯後喝，飲用時可以不加稀釋，也可依個人喜好稀釋後再喝。

酵素看起來容易做，其實變數很多，不一定成功，尤其是初學者，難免忽略小處，導致心血泡湯。

水果中都有豐富的酵素，可自行ＤＩＹ製作，但最初製作時以單一水果開始，較易成功；水果中常見又含多量酵素的是鳳梨與木瓜。

鳳梨酵素

在天然植物酵素中，鳳梨可說是相當重要的原料，除了抽出鳳梨酵素外，其他營養成分也會一併取得。

容器：

①乾淨玻璃罐（如製作原料十公斤，約要四十五公升的罐，（約4～5倍大）。

②乾淨大平盤（塑膠製便可，盤中有瀝水孔洞才行）。

材料：

有機栽種鳳梨（共重約十公斤），少農藥者較佳，褐色冰糖（約五公斤）最好，砂糖亦可（最好是紅糖或黃砂糖），鳳梨與冰糖約二：一比例，純釀造米醋一瓶（約500cc的）。

製作法：

①先將鳳梨洗淨（要用過濾的清淨水，不可用自來水，雙手與容器均要保持潔淨）放在大平盤，上覆乾淨紗布，讓鳳梨充分瀝乾。

②玻璃罐洗淨並用沸水燙過，或在沸水中煮過滅菌後取出，罐口朝下，讓水分完全瀝乾。

③手充分洗淨，將鳳梨連皮切片與褐色冰糖，交叉一層又一層置入玻璃罐（即一層鳳梨、一層褐色冰糖，再一層食材直到冰糖用完），加入一瓶純米醋，然後加蓋，但不可蓋太緊，以免氣爆，手戴乾淨的塑膠手套，每天將罐中材料充分攪拌（連續攪拌一週便可）。

a b c d e f

頭幾天鳳梨會因發酵產生汁液，更由於有氣體而浮於液面，三週後瓶蓋蓋緊時間屆滿時（夏天一個月，冬天三個月），不見育任何氣體產生，原料表面有些有些許如脫水產生皺摺時，便可用乾淨（經沸水燙過並瀝乾）的濾網與勺子，將酵素液濾出產品。

產品酵素用玻璃容器裝瓶，放室溫陰涼處，可放一年左右，飲用時若稀釋喝的話則應放置冰箱中冷藏，並在當天喝完。

自製酵素後的鳳梨原料可收集後放冰箱冷藏，當水果吃有益健康，可貯存半年左右。

木瓜酵素

容器：

①乾淨玻璃罐（如製作原料十公斤，約要四十五公升的罐，（約4～5倍大）。

②乾淨大平盤（塑膠製便可，盤中有瀝水孔洞才行）。

材料：

青木瓜一斤（600公克），純釀造米醋一瓶（約500cc的），純寡糖漿三茶匙（40～50cc），1大匙15公克（或15cc），1小匙5公克（或5cc）。

製作法：

①將青木瓜洗淨，去籽留皮切片，切片時不可用金屬刀子，要用木或竹刀（只有木瓜酵素特別必需用木或竹刀），以避免木瓜酵素受破壞。

②把準備好的材料以層疊的方式放入玻璃瓶內，淋上純寡糖漿，再加醋。發酵技巧與製作鳳梨酵素相同。

胡蘿蔔酵素

容器：

①乾淨玻璃罐（如製作原料十公斤，約要四十五公升的罐，（約4～5倍大）。

②乾淨大平盤（塑膠製便可，盤中有瀝水孔洞才行）。

材料：

五條有機胡蘿蔔（一斤左右），三顆普通大小有機檸檬，有機紅冰糖２００至５００克，視口味而定。

製作法：

把胡蘿蔔切小片，鋪一層在瓶底。檸檬切片，鋪一層在胡蘿蔔上面，然後蓋一層紅冰糖。再加胡蘿蔔後，重複以上做法。瓶內只裝八分滿，開始發酵時瓶蓋不要蓋緊，四、五天後，打開瓶蓋檢查沒問題再蓋緊，置放於陰涼處三十至四十天，即可飲用。

梨子奇異果酵素

容器：

①乾淨玻璃罐（如製作原料十公斤，約要四十五公升的罐，（約4～5倍大）。

②乾淨大平盤（塑膠製便可，盤中有瀝水孔洞才行）。

材料：

梨一粒（約200～300公克），奇異果十粒（共約一斤左右），普通大小檸檬四粒，砂糖適量（用量多少隨釀造者喜好而定）；所有材料處理依鳳梨酵素製作法，不去皮切片。

製作法：

在玻璃瓶底層同一層先鋪上一層梨（切成薄片）和奇異果，再放切片檸檬，然後才撒上一層砂糖。重複上述步驟至玻璃瓶八分滿，在最上一層撒砂糖，將瓶口以保鮮紙膜或紗布覆蓋，瓶口再綁以繩子或橡皮筋，但不密封，待兩個星期後，就可飲用。

黨參北芪紅棗枸杞蘋果酵素

容器：

800至1000cc，裝八分滿。

材料：

黨參50公克，北芪20公克，紅棗50公克，枸杞子50公克，青蘋果三顆（共約500公克），純寡糖漿十五茶湯（約160～200cc）。選購外型完美、避免受損的新鮮蔬果，為避免水果沾農藥，可在洗淨風乾後去皮，選用有機蔬果更合適。

製作法：

①將紅棗切開，黨參及北芪剪小段。青蘋果洗淨晾乾，切塊後打汁。

②把藥材逐一放入瓶中，再將青蘋果汁連渣倒入瓶中，加入純寡糖漿至八分滿，發酵三十天。因黨參、北芪屬於根莖類藥材，需要一個月時間才能完全發酵，產生功效。瓶口以保鮮紙密封後（或先蓋上塑膠紙——普通塑膠袋剪開）才上蓋。如用旋轉式的瓶子，則不需使用保鮮紙。若發現糖分不足，可在兩星期內酵素尚在發酵活躍時加入砂糖，要放置越久的酵素，應放更多糖分，以免酵素變質發臭。

綜合草本中藥酵素

由天然植物（包括蔬菜、水果及草本植物）中抽取，並經由生物技術方法發酵所得到的酵素綜合液是現代人補充酵素之最佳來源。

容器：

①乾淨玻璃罐（如製作原料十公斤，約要四十五公升的罐，（約4～5倍大）。

②乾淨大平盤（塑膠製便可，盤中有瀝水孔洞才行）。

材料：

水果類，蔬果類，藥草類（但要避免用味道強烈及澀液過強的食材，如大蒜、韭菜、菠菜、洋蔥、牛蒡、辣椒……等），褐色冰糖最好，白色砂糖亦可，但不可用黑砂糖或蜂蜜，否則不良的腐敗性微易生長導致異常發酵，失敗率高。

釀造時間：快則十五天，最好能超過兩個月，長達三個月尤其理想，若不考慮成本則釀造的時間可長可短，愈長愈好。

製作法：

①準備自己喜愛的水果、藥草或蔬果等食材，將材料洗淨（要用過濾的清淨水，不可用自來水，雙手與容器均要保持潔淨）放在大平盤，上覆乾淨紗布，讓備料充分瀝乾。

②玻璃罐洗淨並用沸水燙過，或在沸水中煮過滅菌後取出，罐口朝下，讓水分完全瀝乾。

③手充分洗淨，將水果或蔬果連皮切片，與藥草及褐色冰糖，交叉一層又一層置入玻璃罐（即一層食材、一層褐色冰糖，再一層食材直到冰糖用完），加入一瓶純米醋，然後加蓋，但不可蓋太緊，以免氣爆，手戴乾淨的塑膠手套，每天將罐中材料充分攪拌（連續攪拌一週便可）。

小麥酵素

利用小麥種子發芽時所誘導的各種酵素與豐富的營養成分綜合而成，長期飲用可抗老化，具回春功能，又稱回春水。

剛買回選沒有處理過的小麥（wheat berries），有機農場種出的最好，小麥分春麥和冬麥兩種，春麥糖分較高，發酵快；冬麥礦物質高，營養較好，但發酵慢一點，各有所長任選一種，一杯小麥（約200公克）可製得每天四杯回春水。

將小麥洗淨放在玻璃瓶或瓷碗裡泡水過夜，注意水要用過濾水，自來水的污染物太多會阻礙發芽和發酵過程，做回春水失敗（如發臭）的原因，是因為水質有問題。

第二天將水倒掉，用「蓋子或碟子」輕輕覆蓋著碗口，發芽兩天（芽長度大約一公分左右），然後加入兩倍的水（亦即一杯小麥芽、兩杯水）放在室溫攝氏二十五度左右，二十四小時後即可飲用，可再加一杯水等二十四小時又可飲用，第三次加一杯水飲用之後，所剩小麥可當作酵母發酵之原料或作堆肥。

做回春水的理想溫度是在攝氏二十五度，太冷太熱都不行，氣溫太熱時縮短時間，也許只泡十二小時就可飲用，太冷的地方要用保溫的方法，如把電燈放在盒子裡或用厚毯子蓋著。

回春水的味道應該是清甜，或許有點酸，但絕對沒有臭味，如果小麥本身有問題，如放射處理過或水有污染，則不會自然發酵，反而會腐敗，這種情形下，只能做肥料，另換小麥或買過濾水、泉水等，重新再試。

回春水不可加蜂蜜，因蜂蜜糖分很高，會和回春水裡的活酵母發酵，在胃裡形成啤酒，最好不要加任何高糖高糖分的調味。

回春水的營養成分除了小麥本身已有的維生素E，還有維生素C、加倍的維生素B群（B_{12}在內）和酵素，一般說法認為吃全素的人會缺B_{12}，動物食品才有B_{12}。

發芽米

有機糙米用過濾的水清洗2～3遍後，加水至超過糙米，浸泡約三小時，放入容器後以濕布蓋住，在四十度左右環境中大約催芽十五小時，即可得到含大量酵素的發芽米。

糙米酵素

製作法：

糙米一斤，小紅豆五〇公克左右以及天然鹽一小湯匙量，三種材料放入容器中，加過濾水至糙米可完全浸泡程度，然後以一圈兩秒的速度，將起泡器皿向右順時針轉八分鐘，此動作非常重要，可左右糙米酵素製作成功與否，依能量醫學觀點，向右旋轉會將氣及對人體有利能量加入其中，若是逆時針方向向左旋轉或省去此項動作則難以行發酵動作，會導致原料腐敗。

接著糙米放入電鍋中，加入比正常煮飯多一點的水，再進行蒸煮，煮熟後維持在保溫狀態。然後每天一次上下翻攪混合，三天後可開始食用，每天一～兩次當正餐吃。若要冷凍保存也可以，但解凍時需自然解凍，經高溫煮後，大部分酵素會破壞，但酵素分解原料所得到的，容易被人體吸收的營養成分，如低分子蛋白及寡等含量很多糙米酵素也能用在調理，炒飯、鹼稀飯及咖哩飯是最恰當的，或是做便當及壽司也行。

糙米酵素不但營養豐富還有改善便秘，使皮膚光滑，並免去五十肩痠疼的功效。

加水酵素

材料：

水果1斤、糖1斤、水1200cc、優酪菌（或克非爾菌）2包（4克）、玻璃容器1只

製作法：

①糖與水1200cc煮滾待涼備用（糖度控制30～35%）。

②水果去皮、籽（去除不可食用部份）加入部份糖水以果汁機攪碎。

③玻璃容器洗淨乾燥後加入所有材料拌勻，瓶口不可旋緊靜置發酵約1個月即可收成。

可製作的原料有鳳梨、洛神、青梅、蘋果、南瓜、奇異果、青木瓜、葡萄、蕃茄、金桔、檸檬、甜桃、柳丁、桑葚、荔枝、龍眼、柚子、葡萄柚、楊桃若要作多種水果酵素材料則依比例調整即可。

十果酵素

十種水果：

- 甜菜根2個
- 蘋果一個
- 奇異果3個
- 葡萄20個
- 鳳梨一個去頭尾
- 紅肉火龍果2個（去頭尾）
- 青木瓜一個（去籽）
- 牛番茄2個
- 酪梨一個（去籽）
- 1斤半紅糖
- 1斤半黑糖
- 1斤蜂蜜

菌種：

加入冷開水或礦泉水以及糖、蜂蜜等，倒至瓶口處，製作過程不可加水，一起浸泡21日。

瓶口需以用9層保鮮膜封住，要多留膨脹空間，發酵約三星期即須要過濾倒出，避免進一步成為水果酒。

超級黑醋酵素

這是利用某些酵素在酸性環境會活化的原理，使用的黑醋必須是純釀造一年以上，含豐富的胺基酸及檸檬酸等，將此黑醋為基底可得超級黑醋酵素產品。

材料：

黑醋三五〇毫升，梅乾兩個，濕海帶五公分長兩片，辣椒兩條以及生薑兩片。

將材料放入乾淨、適當大小的瓶中，再倒入黑醋，放置在陰涼太陽曬不到的地方，約一～兩天浸漬即可。

做好的黑醋酵素可直接稀釋飲用，也可淋在生菜沙拉上，或與醬油混合當沾料用，長期飲用對健康有益，這是古中國養生修道者長壽秘訣之一。

減肥用酵素汁

針對想減肥的人長期喝含酵素的果菜汁有很好的效果，但需對症下藥，也就是要由適當材料來萃取才行。

(1) 全身肥胖者

有兩種果菜酵素汁製造法，第一種為小西瓜約五分之一個（約200～300公克），番茄兩個（一個約50公克），西瓜去皮及種子後切成適當大小，番茄切片，不加水然後兩者混合打成汁液，內含酵素長期服用可去油脂。

另一種果菜酵素汁材料是中型胡瓜一條（約100公克？不去皮），蘿蔔一塊（厚五～六公分，約200公克）（不去皮），奇異果半個（約20公克），奇異果先去皮，再將上述材料切成適當大小打成汁液即可食用（不加水）。

(2) 下半身肥胖者

材料用酪梨半顆（約30～40公克），小香瓜六分之一個（約10公克）以及菠菜半束（約5公克），酪梨及香瓜去皮及種子切片後材料混合打成汁飲用（不加水）。

(3) 局部肥胖者

有兩種方式，其一是奇異果一個（約40～50幾公克？要去皮），鳳梨四分之一個（約100公克？要去皮），蘿蔔200公克（厚約五～六公分）；另一種方式材料是香蕉一根（約10～15公克？），胡蘿蔔一條（約50～100公克不要去皮），香蕉需去皮，加10～20cc水打成汁服用。

酵素面膜

材料：

麵粉（約100公克，高筋、中筋或低筋均可），上述自製的黑醋酵素加檸檬汁少許（方法：攪勻材料後，敷在臉上。

作法：

敷面後10～15分鐘，用化妝棉沾冷水清除面膜。用柔軟的乾毛巾，將臉部的水分吸乾。拍上消炎化妝水。有需要的話，再塗上暗瘡用的面霜。（一星期做一～兩次）

效果：

酵素具有分解物質作用，故可消除皮膚之污垢，促進皮膚新生，適合護理暗瘡皮膚。

國家圖書館出版品預行編目資料

吃對酵素 / 江晃榮作 . -- 初版 . -- 新北市 : 方舟文化出版 :
遠足文化發行 , 2013.06
面； 公分
ISBN 978-986-89321-4-2（平裝）

1. 酵素 2. 健康法

399.74 102007689

吃對酵素

酵果驚人！打造百病不侵好體質

作　　者　江晃榮　著
封面設計　比比司設計工作室
內文排版　藍天圖物宣字社
文字協力　丁瑞愉
副總編輯　郭玢玢
總 編 輯　林淑雯

社　　長　郭重興
發行人兼出版總監　曾大福
出 版 者　方舟文化出版
發　　行　遠足文化事業股份有限公司
23141 新北市新店區民權路108之2號4樓
電話 (02)2218-1417　傳眞 (02)2218-8057
劃撥帳號 19504465　戶名 遠足文化事業有限公司

客服專線　0800-221-029
E-MAIL　service@bookrep.com.tw
網　　站　http://www.bookrep.com.tw/newsino/index.asp
印　　製　成陽印刷股份有限公司　電話：(02)2265-1491
法律顧問　華洋法律事務所　蘇文生律師
定　　價　300元
初版一刷　2013年6月
初版17刷　2016年10月